2020年
中国植保减灾发展报告

农业农村部种植业管理司
全国农业技术推广服务中心 编

中国农业出版社
北 京

图书在版编目（CIP）数据

2020年中国植保减灾发展报告/农业农村部种植业管理司，全国农业技术推广服务中心编 . —北京：中国农业出版社，2022.6
ISBN 978-7-109-29472-1

Ⅰ.①2… Ⅱ.①农…②全… Ⅲ.①作物-病虫害防治-发展-研究报告-中国-2020 Ⅳ.①S435

中国版本图书馆CIP数据核字（2022）第091730号

中国农业出版社出版
地址：北京市朝阳区麦子店街18号楼
邮编：100125
责任编辑：刁乾超 文字编辑：赵冬博
版式设计：李 文 责任校对：吴丽婷 责任印制：王 宏
印刷：北京缤索印刷有限公司
版次：2022年6月第1版
印次：2022年6月北京第1次印刷
发行：新华书店北京发行所
开本：850mm×1168mm 1/32
印张：6
字数：150千字
定价：48.00元

编 委 会

前言

　　2020年是我国农业生产极不平凡的一年，也是我国植保植检工作全面推进、成效显著的一年。面对突如其来的新型冠状病毒肺炎疫情和农作物病虫害等自然灾害多发、重发的严峻形势，各级农业农村部门、植保植检机构和广大植保工作者坚决贯彻党中央、国务院决策部署，认真执行新颁布实施的《农作物病虫害防治条例》，按照疫情防控常态化要求，团结协作、主动作为，攻坚克难、踏实工作，抓好农作物病虫害防控各个主体责任落实，健全农作物病虫害监测预报、预防控制以及应急处置制度，加强绿色防控、农药减施增效技术推广，推进专业化病虫害防治服务，使植保工作取得新进展，植保作用得到进一步发挥。在保障粮食安全和农产品有效供给方面，有效防控草地贪夜蛾、水稻"两迁"害虫、小麦条锈病等重大病虫发生危害，使粮食产量再创历史新高，连续第6年保持在1.3万亿斤以上；在提升农产品质量和生态环境安全水平方面，实施绿色防控面积9.9亿亩，使主要农作物病虫害绿色防控覆盖率达到41.5%，水稻、小麦、玉米等主要农作物农药利用率达到40.6%，实现农药使用量连续负增长；在防止外来病虫输入方面，强化植物疫情风险分析，加强对境外沙漠蝗和检疫性有害生物的监测和调查、阻截防控及境外引种检疫管理，为保障我国生产安全作出了积极贡献。

为总结、交流和宣传植保植检工作成效与经验，系统梳理、准确把握我国植保植检工作现状与发展趋势，为谋划2021年乃至"十四五"期间植保植检工作提供参考，农业农村部种植业管理司、全国农业技术推广服务中心联合组织编写了《2020年中国植保减灾发展报告》。希望本书的出版，能够为各地更好地开展植保植检工作提供借鉴，为有关部门研究决策提供参考。

本书在编写过程中，得到农业农村部农药检定所等有关单位和各省（自治区、直辖市）植保植检机构的大力支持和帮助，在此一并表示衷心的感谢！由于水平有限、时间仓促，本书可能存在不妥之处，谨请各位读者批评指正。

编　者

2021年3月

目录

第一章

2020年植保植检工作概述

　　2020年，受异常天气影响，小麦条锈病、小麦赤霉病、稻纵卷叶螟、稻飞虱，以及黏虫、草地螟在我国较大区域暴发，迁飞性害虫草地贪夜蛾、蝗虫对粮食生产构成直接威胁，柑橘黄龙病菌（亚洲种）、苹果蠹蛾等检疫性病虫蔓延危害，植保防灾减灾任务十分艰巨。面对农作物病、虫、草、鼠害发生危害的严峻形势，农业农村部坚决贯彻落实党中央、国务院的决策部署，把做好重大病虫害防控作为大事和要事来抓，各地各级农业植保部门认真落实《农作物病虫害防治条例》，加快绿色植保技术创新与推广应用，积极组织开展"防病治虫夺丰收"行动，有效减轻了草地贪夜蛾的危害，及时阻截了境外蝗虫的入侵，有力遏制了迁飞性、流行性、区域性重大病虫重发态势，实现了农药使用量持续负增长，为保障国家粮食安全、农产品质量安全和生态环境安全做出了积极贡献。统计数据显示，2020年全国农作物病、虫、草、鼠害发生61.72亿亩[*]次，防治面积78.12亿亩次，经分析测算，因有效防控挽回三大粮食作物产量损失13 935万吨（小麦、水稻、玉米分别为3 500万吨、5 525万吨、4 910万吨），挽回的产量损失占粮食总产量的22.59%（表1-1），棉花、油料、果品、蔬菜等病、虫、草害损

---

　　[*]　亩为非法定计量单位。15亩＝1公顷。——编者注

失控制在8%以下。

表1-1 2020年三大粮食作物病、虫、草害植保减灾结果

作物名称	发生面积/亿亩	防治面积/亿亩	挽回损失/万吨	挽回占比/%	实际损失/万吨	损失占比/%
小麦	10.12	14.78	3 500.0	26.07	524.9	3.91
水稻	14.30	21.85	5 525.0	26.08	773.3	3.65
玉米	12.88	13.17	4 910.0	18.84	1 230.4	4.72
合计	37.30	49.80	13 935.0	22.59	2 528.6	4.10

一、病虫害监测预警技术创新发展

准确监测农作物病虫害发生、发展动态，是打好重大病虫害防控攻坚战的第一道防线。2020年，根据越冬病虫基数调查和对气象资料的分析，提前会商小麦、水稻、玉米和蝗虫等主要作物的重大病虫发生趋势，做到超前预判态势、准确发布信息。全国农业植保机构紧盯重大病虫发生动态，系统组织小麦、水稻、玉米田杂草和农区鼠害发生危害调查监测，提前发布了2020年重大病、虫、草、鼠害发生与危害长期预报，并及时发布中短期预测预报信息，预报准确率达95%以上。

针对已在我国定殖、成为又一个北迁南回的重大害虫草地贪夜蛾，在掌握其发生基本规律的基础上，结合"三区四带"布防，组织周年繁殖区、迁飞过渡区和重点防范区虫情监测与信息报送，建立全国草地贪夜蛾发生防治信息调度平台，为掌握虫情发生发展动态、及时做出预报和部署防控工作提供重要的信息支撑。针对境外蝗虫重发态势，农业农村部联合海关总署、国家林业和草原局印发《沙漠蝗及国内蝗

虫监测防控预案》，加强边境虫情监测，重点在中印（印度）、中尼（尼泊尔）、中缅（指缅甸）边境地区200千米范围内布设29个监测点，做到早发现、早预警。系统地监测预警、准确地预报信息，为适时有效组织小麦条锈病、赤霉病和水稻"两迁"害虫，以及黏虫、草地螟等重大病虫防控提供了科学依据。

为提高农作物病虫害预测预报水平，推进监测预警技术创新，强化病虫害测报自动化、智能化、信息化建设，联合科研院所、高等院校及有关企业，开展了稻纵卷叶螟食诱监测技术试验，棉田、玉米田重要害虫特异性灯具、性诱工具研发以及试验示范。针对草地贪夜蛾等害虫的性诱和虫情测报灯等物联网监测设备类型，开发数据接口，实现虫量数据的实时传输与处理，推动监测工作标准化、精准性和高效应用。完成东亚飞蝗蝗区数字化勘测，形成蝗虫遥感预测图，制定蝗虫"一带四区"布防图，精准指导防控工作。融合构建鼠害物联网智能监测系统（VIMS4.0），在全国鼠害重点发生区开展鼠害物联网智能监测，通过采用图像自动采集、数字图像处理、人工智能识别、无线传输等多项先进技术，对农区害鼠活动情况进行实时、动态监测管理，对害鼠种群的暴发作出预测预警，大大提高了鼠害监测水平。

▎二、重大病虫害防治成效显著

2020年是《农作物病虫害防治条例》发布实施的第一年。农业农村部认真贯彻落实中央领导指示批示精神，先后召开全国农作物重大病虫害防控工作推进落实视频会、全国秋粮作物重大病虫害防控现场会，并结合全国农技推广"三大行动"，及时部署农作物病、虫、草、鼠害防控工作。各地各级政府及农业主管部门落实属地责任，加大防控在人力、物力和资金等方面的保障力度，组织开展"虫口夺粮保丰收"重大行动，及时处置突发灾情，有效减轻暴发性病虫危害损失。各地农业植保机构坚持"预防为主、综合防治"植保方针，按照《农作物病虫害防治条例》要求和农业农村部总体安排，立足抗灾保丰收，提早制定防控方案。

根据年初病虫害的发生趋势来预测，农业农村部组织专家研究制定了小麦、水稻、玉米、棉花、马铃薯、茶叶重大病虫害和蝗虫、沙漠蝗、草地螟、黏虫等迁飞性害虫，以及农田草害、农区鼠害防控技术方案16个，明确防治重点地区和主要靶标，确立防治策略、技术路线和技术措施，带动各地层层制定针对性更强的防控技术方案。针对重大流行性、迁飞性病虫，充分利用中央财政病虫防控救灾资金和各地财政补助资金，开展草地贪夜蛾"三区四带"、蝗虫"一带四区"布防，将草地贪夜蛾发生面积控制在2 000万亩以下，遏制其暴发危害势头，并及时处置了西藏边境沙漠蝗、云南江城黄脊竹蝗、内蒙古兴安盟土蝗等突发蝗情。与此同时，强化绿色防控与化学防治、应急处置与持续治理、专业化统防统治与群防群治相结合，抓住重点地区、重大病虫、关键时期，及时开展小麦条锈病、小麦赤霉病、水稻"两迁"害虫、玉米黏虫、马铃薯晚疫病等重大病虫害的防控行动，有效控制其流行蔓延和迁飞扩散，保障了农业生产安全。

在2020年农作物重大病、虫、草、鼠害防控中，大力推广绿色防控技术模式和农药减量控害技术。在全国建立水稻、小麦、玉米、茶叶、蔬菜、水果等作物重大病虫害绿色防控新技术示范、重要有害生物抗药性治理示范区和鼠害综合防控示范区，开展绿色防控示范县创建活动，组织推广防治新技术60多项，如在水稻主产区扩大生态工程、抗性品种、健身栽培、耕沤灭蛹、合理水肥管理、昆虫性信息素群集诱杀、释放稻螟赤眼蜂、微生物农药等农业防治、生态调控、生物防治及相关方面绿色防控措施的应用面积；在小麦领域组织种子处理预防技术、生态控制和天敌保护利用技术、地下害虫理化诱控技术、高效低风险化学药剂及新型植保机械等新技术的示范；在玉米主产区探索草地贪夜蛾分区治理技术模式和在东北、西南玉米产区推广玉米全程绿色防控技术；在农区推广春、秋季统一灭鼠和TBS绿色灭鼠技术。统计数据显示，2020年全国农作物病虫害绿色防控覆盖率达到41.5%。

▍三、植物疫情监控得到加强

2020年，植物检疫工作突出重点地区、重要环节，强化疫情风险分析、检疫监管和阻截防控，有效遏制了疫情传播和扩散蔓延。统计数据显示，全国农业植物检疫性有害生物发生面积2 499.5万亩次，与上年相比下降3.4%，植物疫情发生危害势头得到有效控制。

针对当前国内植物疫情出现较大变化的状况，2020年9月，根据有害生物风险分析报告等资料，对《全国农业植物检疫性有害生物名单》《应施检疫的植物及植物产品名单》进行修订，新修订的名单突出传播疫情风险高的植物及植物产品，按照有害生物传播途径实施更有效的检疫管控措施。针对国内外种子及其农产品贸易与调运日趋频繁和有害生物传播扩散风险增加的严峻形势，加强对境外引进种苗的有害生物风险分析和检疫监管。如对从美国、日本、智利、阿根廷、澳大利亚、荷兰、韩国等引进的种子、苗木，在完成新引进植物种子（苗）的有害生物风险分析报告的基础上，参考有关地区和国家的风险管理措施，提出了引种检疫监管措施。对近年来我国局部地区发生的马铃薯金线虫、南瓜实蝇等有害生物开展风险分析，从种类鉴定、危害、潜在分布、直接经济影响等方面开展风险评估，制定了防控技术方案。

针对稻水象甲、马铃薯甲虫、柑橘黄龙病菌（亚洲种）、苹果蠹蛾、红火蚁、瓜类果斑病菌、黄瓜绿斑驳花叶病毒7种国内重大植物疫情，农业农村部提出"分类指导、分区治理"的工作要求，制定疫情阻截防控技术方案，要求各地部署开展疫情发生区综合防控和扩散前沿区阻截。在江西、广西、湖南、陕西、山东5省份开展柑橘、苹果检疫性有害生物全程防控试验示范，在广东、广西、福建、海南、贵州等地建设红火蚁防控示范区10个，带动当地科学组织防控。在江西、广东等柑橘黄龙病重发区，采取清除染病植株、统一防控木虱、推广健康种苗、强化检疫监管等综合措施，初步遏制了病害暴发态势，柑橘产业逐步恢复。农业农村部对近年来多地突发的黄瓜绿斑驳花叶病毒和瓜类果斑病疫情，开展全国性协作联查，并组织甘肃、宁夏、四川等省份全面加强疫情防控，防范疫情进一步扩散。

2020年，办理从国外引进农业种子苗木检疫审批11 088批次，全年经审批引进来自68个国家（地区）的农业种子约3.4万吨、苗木10.5亿株。为了确保国外引种安全，北京、上海、广州等5家隔离场对首次引进或高风险的种苗进行严格控制，各级植物检疫机构开展跟踪监测调查，重点加强高风险新引进作物、重要种质资源和引进批次多、数量大的主粮作物等种子种苗的监测调查，及时发现并处置了一批零星疫情。加强国内生产调运植物、植物产品检疫监管，水稻、玉米、棉花、大豆等主要农作物种子产地检疫基本达到全覆盖，小麦种子覆盖率达90%以上；全年共签发农业植物、植物产品调运检疫证书29万多份，经检疫合格调运种子242.7万吨、苗木161.3亿株。

▌四、农药使用持续减量增效

2020年是农药使用量零增长行动收官之年,通过加大高效低毒低风险农药和先进施药试验示范推广,强化抗药性监测治理、科学安全用药指导,推进专业化统防统治,促进了农药减施增效。2020年全国种植业农药使用量(折百量)24.82万吨,比上年减少5.5%,农药利用率达到40.6%,高毒农药使用比例下降到1%以下,全面完成农药使用量零增长行动目标任务。

围绕农药减施增效,以生物农药,植物免疫诱导剂,植物健康产品,纳米农药和防控抗药性病、虫、草害为重点,组织各地开展新药剂、新剂型、新助剂试验示范,筛选出一批环境友好型绿色农药品种及其配套使用技术。建立新农药、新技术、高效药械集成展示示范区以及主要有害生物抗药性治理示范区420多个,重点推广农药减量控害技术,抗药性综合治理技术,病、虫、草害综合解决方案,农机农艺融合技术以及植保机械标准化模式,据测算数据显示,示范区化学农药使用总量减少20%以上,并大大提高了防治效果和效率。

大力推进统防统治专业化服务的运行机制与模式创新,充分发挥财政资金的导向和激励作用,引导各地重点扶持植保社会化服务组织购置自走式喷杆喷雾机、植保无人机等大中型施药机械,开展集中连片统防统治。在三大粮食作物主产区开展统防统治百县创建,组织统防统治星级服务组织认定,促进服务方式不断转优、服务链条逐渐延伸、服务效益稳定提升,推动统防统治与绿色防控融合,服务组织不断壮大、服务能力明显提升、综合效益快速增长。据统计数据,2020年全国专业化统防统治覆盖率达到41.9%,比上年提高1.8个百分点。

为克服疫情影响,创新农药科学安全使用的组织形式、培训方式，联合农药行业协会、近百家农药械企业共同开展培训活动，并利用网上"科学安全用药空中大讲堂"，将安全用药技术传递到基层。通过线上、线下系列培训，广泛宣传科学安全用药理念，增强科学安全用药公益培训的影响力和感染力，让科学安全用药知识与技术进村入户、落到田间地头。贯彻落实《农药包装废弃物回收处理管理办法》，全国有10多个省份出台农药包装废弃物回收处理指导意见或实施方案，并通过建立回收试验区，探索可复制、可推广的长效回收处理机制。

五、植保能力建设得到提升

2020年，我国农业生产面临严峻挑战，新型冠状病毒肺炎疫情肆虐全球，自然灾害特别是农作物重大病虫害多发、重发，对农业生产安全和保障农产品有效供给构成严重威胁。面对农业高质量发展新任务和稳粮保供的新要求，植保植检系统积极适应改革新形势，主动应对挑战、积极担当作为、创新服务方式，在植保防灾减灾战役中攻坚克难、屡建战功，植保队伍经受了考验与锻炼，很好地发挥了植保技术推广国家队的主力军作用，得到各级政府和社会各界的充分肯定。

结合参与国家重点研发计划农药减施增效重大专项特别是实施动植物保护能力提升工程，投资建设了一批全国农作物病虫害疫情监测分中心（省级）田间监测点、天敌生物繁育基地、省级农药风险监测区域中心和各农药风险监测基层站点，推广应用了植保重大技术成果和先进产品，大大提升了植保防灾减灾工作手段，增强了植保公共服务能力。2020年，农业农村部按照"聚点成网、填平补齐、更新换代"的原则，对重大病虫害监测预警能力、绿色防控能力和应急处置能力进行了规划。

各地大力推进项目的实施，并积极发挥建成项目的作用，进一步补齐植保短板、改善工作条件、健全体系队伍，增强了植保植检工作发展后劲。

开展《国际植物保护公约》履约活动，积极参与国际植物检疫措施标准制定。农业农村部参与联合国粮食及农业组织（FAO）启动的全球草地贪夜蛾防控行动，分享中国防控草地贪夜蛾主要做法和成功经验；派出专家组赴巴基斯坦援助沙漠蝗防治；按计划推进中哈（哈萨克斯坦）合作治蝗、中韩（韩国）水稻迁飞性害虫与病毒病监测、中越（越南）水稻迁飞性害虫监测与防治等双边合作项目，以及中英（英国）牛顿基金国际合作项目"主要作物病虫害遥感监测与防治方法研究"、全球环境基金植保植检项目，推动我国植保植检国际交流与合作稳步发展。

▍ 六、植保法规建设取得突破

2020年3月17日，国务院常务会议通过《农作物病虫害防治条例》（简称《条例》），2020年5月1日正式实施。《条例》的颁布实施，在我国植物保护工作史上具有里程碑的意义，为进一步推进植保体系建设、提升现代植保治理能力，提供了法制保障。根据《条例》要求，农业农村部制定公布了《一类农作物病虫害名录》，组织植保系统开展《条例》宣传贯彻系列活动。各省份农业农村行政管理部门也根据本地实际，制定了《二类农作物病虫害名录》，为实施农作物病虫害分类管理、落实属地责任提供了依据。此外，农业农村部公布了新修订的《全国农业植物检疫性有害生物名单》《应施检疫的植物及植物产品名单》，并与生态环境部联合发布《农药包装废弃物回收处理管理办法》。

2020年10月17日，第十三届全国人民代表大会常务委员会第二十二次会议通过《中华人民共和国生物安全法》，并规定自2021年4月15日实施。《中华人民共和国生物安全法》中将植物疫情防控作为三大防疫体系之一，上升到国家安全的高度，这标志着植保植检工作成为国家总体安全战略的重要组成部分，植物疫情特别是重大新发突发植物疫情的监测、预警、防控等相关工作，有了更强有力的法律保障。

CHAPTER 2

第二章
农作物病虫害发生概况和监测技术进展

▌ 一、农作物重大病虫害发生概况与主要特点

（一）水稻主要病虫害

2020年全国水稻病虫害总体偏重发生，重于前两年。全国发生面积7 584万公顷次。其中，虫害发生面积5 305万公顷次，病害发生面积2 279万公顷次。

1.稻飞虱

稻飞虱全国累计发生面积2 004万公顷次，造成实际产量损失64万吨。其中，江南东部、长江下游稻区大发生；华南大部、西南地区东部、长江中游和江淮南部稻区偏重发生，局部大发生；江南中部和西部、西南地区南部和西北部稻区中等发生，局部偏重发生；江淮北部稻区轻到偏轻发生。

（1）境外虫源迁入期偏早，峰期提前。稻飞虱从3月初始陆续迁入南方稻区，于3月下旬在广西南部监测到首个迁入峰，比2019年早4 ~ 8天。

（2）灯下虫峰集中，虫量偏高。稻飞虱在5—6月和8—9月有两次持续迁飞高峰，5月中旬至6月上旬在华南北部、江南稻区和西南地区南部出现单灯单日千头以上的同期突增峰；8月中旬至9月上旬，华南东部、江南、长江中下游和江淮稻区灯下见

明显虫峰，福建、广东、浙江等东南沿海稻区多个监测点出现万头以上诱虫高峰，褐飞虱比例在60%以上。

（3）中晚稻田间虫量大，局部大发生。中晚稻发生程度明显重于2019年，局部大发生。其中，华南稻区总体偏重发生，广西9月中旬百丛虫量达1 500头，福建8月下旬全省平均百丛虫量730头，福建西北部、北部中稻区部分田块出现"冒穿"。江南稻区总体中等至偏重发生，其中江西中稻8月上旬至下旬田间百丛虫量一般580～1 400头、高的达2 100～5 500头。长江中下游和江淮稻区总体偏重至大发生，其中江苏9月百丛虫量为2 000～8 000头，上海8月下旬褐飞虱大发生，浦东、崇明等地区漏防田出现枯死点。

2.稻纵卷叶螟

稻纵卷叶螟总体偏重发生，局部大发生，重于2019年。2020年全国累计发生面积1 482万公顷次，造成实际产量损失40万吨。其中，西南地区东部、长江下游稻区大发生；华南东部、长江中游、西南东部、江南和江淮地区南部稻区偏重发生，局部大发生；华南西部和西南地区南部稻区中等发生；西南地区西北部、江淮北部稻区偏轻发生。

（1）迁入期偏早，迁入量大。稻纵卷叶螟从3月上旬开始陆续迁入我国华南和江南稻区，迁入期比2019年早1个月。3月中旬、4月下旬和5月上旬在华南和江南南部监测到突增峰，全国296个水稻监测点的稻纵卷叶螟全年灯下累计诱蛾量76.3万头，是2011—2019年平均值的4.5倍。

（2）田间发生前重后轻，华南、江南和西南地区东部稻区重于上年。田间发生前重后轻。早稻田间蛾量和幼虫量偏高，华南稻区亩蛾量一般200～700头。亩幼虫量一般1 500～4 000头。7月中旬，华南大部、江南和西南地区东部单季稻区亩幼虫量达1万～3万头。8月下旬以后，南方大部稻区发生情况趋稳。

3.二化螟

二化螟总体中等发生。全国累计发生面积1 227万公顷次，造成实际产量损失47万吨。其中，西南地区北部、江南和长江中游稻区偏重发生，湖南南部局部大发生；西南地区东南部、江淮大部和东北地区南部稻区中等发生；华南稻区、西南地区南部、长江下游和东北地区北部稻区偏轻发生，局部中等发生，上升趋势明显。

（1）冬后残虫量偏高。江南和长江中下游稻区冬后残虫基数较高，其中浙江、湖南、江西平均亩残虫量为6 500 ～ 7 400头，福建、湖北、安徽平均亩残虫量为1 500 ～ 4 400头。

（2）灯下诱蛾量偏高。全国水稻336个监测点全年灯下累计诱蛾总量353.4万头。从逐月诱蛾动态看，除4月比2019年同期减少57.5%外，5—10月是2019年同期的1.5 ～ 2.5倍，3月、11月分别是2019年同期的12.2倍、9.2倍。

（3）江南稻区偏重发生，华南稻区呈明显上升趋势。田间发生以江南稻区的湖南、江西和浙江最为突出，华南稻区田间虫量上升趋势明显。其中，湖南中南部偏重发生，一、二、三、四代平均亩幼虫量分别为4 491头、2 312头、1 988头、2 114头。江西发生在早、中、晚稻上呈逐渐加重态势。早稻平均枯鞘丛率为10% ～ 20%；平均枯心率在0.5%以下。中稻平均枯鞘丛率一般为4% ～ 20%；平均枯心率一般为1%以下。晚稻平均枯鞘丛率为3% ～ 11%；平均枯心率一般为0.1% ～ 0.8%。浙江一、二、三代为害造成平均枯鞘株率分别为1.54%、0.83%、1.4%，分别比2019年同期增加41.3%、16.9%、110%。华南东部稻区一、四代轻于2019年，二、三代重于2019年。

4.水稻纹枯病

水稻纹枯病全国累计发生面积1 499万公顷，造成实际产量损失72万吨。总体中等发生，其中，华南西部、江南中部、西南地区东北部和江淮南部稻区偏重发生，局部大发生；华南东部、西南地区大部、江南西部、长江中下游、江淮北部、东北地区中部和南部稻区中等发生，局部感病品种偏重发生。

（1）双季早稻区总体偏重发生。水稻纹枯病在华南、江南双季早稻区总体偏重发生。其中，广西、江西局部大发生。华南早稻区发生期偏早、为害率偏高。其中，广西病丛率一般为16%～48%，广西南部个别田块病丛率很高，达81%～100%；广东6月中、下旬发生普遍，高州、南雄早稻病丛率分别达50%、80%。江南早稻区5月下旬至6月上旬病情发展迅速。其中，江西平均病丛率为20.6%，浙江6月上旬陆续见病，6月下旬达病丛率15%的防治指标。

（2）单季稻区发生差异大。由于水稻栽插期不一，单季稻区各地发病病情差异大。华南稻区偏轻发生，病株率一般为0.7%～7.5%，最高病株率为33.7%。江南、长江中下游和江淮稻区偏重发生、局部大发生，一般平均病丛率为5%～40%，高的达82%～92%。西南稻区病株率一般为2%～16%，高的达75%以上，重发区域集中在贵州南部、云南中北部和重庆巴南等地。

（3）双季晚稻区后期发生重。华南和江南双季晚稻始见期为8月上旬、8月下旬，至9月中旬陆续进入流行盛期。华南晚稻区病丛率一般为16%～50%，广西东北、中、东南局部稻田发生较重，个别田块达73%～100%。江南晚稻区病丛率一般为2%～31%。其中，江西9月时的病丛率一般为15%～42%，高的达30%～67%，病株率一般5%～22%、高的达30%～50%；湖南9月下旬平均病丛率为22.8%。

5.稻瘟病

稻瘟病累计发生面积339万公顷次，造成实际产量损失27万吨。总体中等发生，其中，安徽、江苏局部感病品种田偏重发生；华南南部、西南地区大部、长江下游、江淮南部和东北地区南部稻区中等发生；华南大部、江南、江淮北部、长江中游稻区偏轻发生。

（1）华南稻区总体偏轻发生。华南早稻区病叶率一般为0.3%～14%，华南晚稻区病叶率一般为0.5%～9.2%，广西北部个别田块的病叶率高达40%。

（2）江南稻区总体偏轻发生，常发区和感病品种偏重发生。江南早稻区总体偏轻发生；湖南中等发生。江南中稻区病叶率一般为0.2%～5.2%，病穗率一般为0.1%～0.8%，江西资溪局部Y两优5867等品种的病穗率达6.2%。江南晚稻区是轻至偏轻发生。

（3）长江中下游稻区总体中等发生，常发区和感病品种偏重发生。江苏中等至偏重发生，6月上旬即发现病株，较常年偏早5～7天，中后期病情发展较快，高淳最高病叶率达36.5%。上海发生程度为近10年最重，10月中旬平均病穗率4.8%，是2019年同期的3.1倍。

（4）西南稻区总体中等发生，局部老病区发生较重。贵州北部、东南部和中南部的老病区、优质稻品种种植区受害较重，一般病叶率15%，高的达100%；一般病穗率8%，高的达70%以上。

（5）北方稻区总体偏轻发生，东北地区南部中等发生。辽宁7月下旬叶瘟发展较快，丹东东港病丛率30%以上，盘锦地区严重地块病叶率可达15%；个别地区穗颈瘟病丛率可达60%、病株率在15%以上。宁夏于6月15日开始发病，比2019年偏早5天；叶瘟平均病株率为15%～25%，严重田块病株率为52.4%、病叶率为33.4%。

6. 南方水稻黑条矮缩病

南方水稻黑条矮缩病在华南和江南稻区偏轻发生。其中，广西总体轻发生、局部中等发生，发生面积约12万公顷，造成实际产量损失1.4万吨；江西、湖南发生面积达60%以上。江西吉安以南及江西东北局部早、中、晚稻病丛率一般为0.1%～5%，最高达20%，病株率一般为0.02%～1.1%，最高达3.5%；湖南中稻病丛率一般为0.2%～3.5%，病株率一般为0.1%～2.1%。

（二）小麦主要病虫害

2020年，全国小麦病虫害总体中等发生，其中蚜虫、小麦条锈病等偏重发生。据统计，全国发生面积5074万公顷次。其中，虫害发生面积2485万公顷次，病害发生面积2589万公顷次。

1.蚜虫

蚜虫偏重发生，山东、河北部分麦区大发生。全国发生面积1289万公顷，造成实际产量损失45万吨。

（1）早春发生早、虫量高。蚜虫早春发生偏早，山东最早于1月中旬见虫，河北、天津较历年偏早10～20天，大部麦区虫量高于近年同期，百株蚜量一般2～10头，安徽、山东分别达22.9头和13.7头，同比分别增加21.9头和11.2头。

（2）华北大部麦区穗蚜偏重至大发生，接近常年。河北总体大发生，平均百株蚜量429头，中、南部麦区有集中上穗为害现象。山东鲁西南和中部局部麦区大发生，5月中旬，山东全省平均百株蚜量816头，最高2万头。

（3）黄淮、江淮、西北、西南麦区中等发生，局部虫量高。西南麦区总体中等发生，平均百株虫量215～300头，四川西北部等局部地区最高百株蚜量达3600～6000头。黄淮、江淮麦区总体中等发生，沿淮局部百株蚜量超过2000头；河南全省平均百穗蚜量101头，最高1万头。西北大部麦区偏轻至中等发生，平均百株虫量50～500头。

2.小麦条锈病

小麦条锈病在常发区总体偏重发生，陕西、湖北、河南南部麦区大发生，西北、西南及黄淮海大部麦区中等发生；全国发生面积440万公顷次，同比增加1.9倍。

（1）秋苗发生早、范围广，冬繁病情重。2019年秋冬季，小麦条锈病苗期发生时间早、范围广、病情重。甘肃、宁夏、陕西3省份秋苗主发区发生面积20.7万公顷，比上年和2016年同期分别增加300%和63.2%，是2014—2018年第二重发年份。

（2）早春病情扩展速度快。3月初，小麦条锈病在西南、汉水流域和黄淮南部麦区8个省份54个市208个县（市、区）发生26.2万公顷，是2011年以来发生面积最大的一年。西南和汉水流域麦区进入快速扩散期，发生较为普遍，湖北南部病田率达50%，陕西南部重发田块已普遍见病，云南澄江、贵州纳雍、四川梓潼等地局部田块最高病叶率超过60%。黄淮南部麦区发病中心增多，河南南阳9个县（市、区）查见发病中心150多个，平均病田率为2.3%，病叶严重度为5%～60%。

（3）汉水流域、黄淮南部及四川沿江流域偏重至大发生。对于湖北来说，2020年是其近30年来发生最重、发生区域最广、发生面积最大的年份。河南南部麦区偏重至重发生，黄河以南其他麦区中度至偏重发生，2020年是四川近年来发病最重的一年。

（4）西北、西南部分麦区及黄淮、江淮等麦区中等发生。西北地区的甘肃发生程度重于2019年及常年，陇南、天水、平凉和定西发生较普遍。西南地区的云南、贵州、重庆等大部偏轻至中等发生。山东中等发生，先后在16市104个县（市、区）发生，山东西南部发生普遍。河北中等发生，全省66个县（市、区）发生，较重的区域主要集中在南部麦区的邯郸、邢台、石家庄市、衡水、沧州等地。江苏、安徽总体偏轻发生，苏南、沿江局部偏重发生，2020年是江苏近年来继2017年、2019年后的第3个发生年份，发生范围、发生程度均重于2017年和2019年。

3.小麦赤霉病

小麦赤霉病总体偏轻流行，长江中下游、江淮、黄淮南部等麦区中等流行；全国发生面积217万公顷，造成实际产量损失8.6万吨，病害得到较好控制。

（1）常发区田间菌源量偏高。因麦—稻、麦—玉米连作，以及田间秸秆存量大，常发区菌源量明显高于常年。

（2）长江中下游、江淮麦区见病期迟，总体偏轻发生。湖北大部轻发生或偏轻发生，湖北东部、江汉平原局部中等发生，全省加权平均病穗率为3.5%，2020年是湖北近6年发生程度最轻的年份。江苏总体偏轻发生，2020年是其2012年以来最轻年份，5月下旬定局调查，全省平均病穗率为1.1%。安徽轻发生，淮河以南麦区平均病穗率为1.04%，沿淮淮北麦区平均病穗率为0.03%。

（3）黄淮、华北麦区总体发生较轻。四川中等发生。河南仅在其省内的淮河流域、丹江库区、黄河流域及其东部零星发生，病穗率在1%以下。陕西平均病穗率为0.6%。河北中南部麦区中等发生，平均病穗率为1.4%。山东病穗率为0.1%～0.5%。山西轻发生，永济病穗率为3%。四川中等发生，主要发生区域为四川北部、中部局部，平均病穗率为1.3%。

4.小麦白粉病

小麦白粉病总体中等发生，主要发生在黄淮、西北、西南、华北及江汉平原等麦区，其中，江苏、河南部分麦区偏重发生。全国发生面积575万公顷，同比增加49.3%。

（1）秋苗发病比较普遍，早春发生基数偏高。小麦白粉病在西南、华北、黄淮、西北等麦区秋苗发生面积为13.5万公顷，河南在其北部的安阳市、东部的永城及其西部查到零星病叶，这一情况历年少见，历年皆见病普遍。常发区春季病害始见期普遍偏早，江苏阜宁2月20日查见病株，较常年早20天左右。3月初，西南、黄淮、江淮、华北等麦区9个省份发生面积11.7万公顷，同比增加54.6%。

（2）黄淮、江淮部分地区偏重发生。江苏总体偏重发生，局部大发生，全省大田上三叶平均病株率为12.3%。河南偏重发生，重发区主要在其北部和东部，高峰期平均病田率为28.5%，平均病叶率为8.3%，均高于常年同期。安徽沿淮和淮北部分地区重发田块上三叶病叶率高达41.0%～66.7%，病叶率很高。

（3）西南大部麦区中等发生。四川在其东北部、北部和西南山区等地局部发生较普遍，平均病叶率为4.7%。贵州西南部、西部麦区发生重于贵州其他麦区，一般病叶率为25%，最高达90%。

5. 小麦茎基腐病

小麦茎基腐病在华北、黄淮麦区发生范围和程度呈扩大和加重趋势，发生面积175万公顷。河南全省平均病田率21%，病田平均白穗率为0.5%，个别地块为25%～60%。山东主要发生在鲁西南、鲁西北、鲁北和鲁中北部麦区，其中盐碱地、丘陵薄地、土壤黏重和地势低洼等小麦长势弱的麦田发病重，部分发病重的地区病田率在80%以上，病株率达40%～80%。陕西主要发生在渭南、咸阳、宝鸡等市，渭南病田率为34.2%，平均病株率2.6%，最高的达30%。

（三）玉米主要病虫害

2020年全国玉米病虫害总体偏重发生，接近前几年水平。统计数据显示，全国发生面积5 841万公顷次。其中，虫害发生4 236万公顷次，病害发生1 605万公顷次。

1.草地贪夜蛾

草地贪夜蛾在全国27个省份1 426个县（市、区）发生，宁夏、辽宁、内蒙古3个省份以外的24个省份查见幼虫，累计发生面积135万公顷，造成实际产量损失14万吨。

（1）西南、华南地区发生普遍。云南、广东、四川、广西、福建、海南和贵州周年繁殖区共594个县（市、区）见虫，占全国发生县（市、区）数量的41.7%，发生面积为119.53万公顷，占全国相应面积的88.7%。西南、华南地区发生普遍，见虫县（市、区）数量占其省份农业县（市、区）的比例均超过90.0%，云南、海南达到100%。

（2）早春扩散快，全年北扩更远。2020年1—3月共354个县（市、区）发生，是2019年同期（41个）的8.6倍。江苏省邳州市于3月31日查见成虫，比2019年同期见虫的发生北界广西宜州（24.48°N）北扩近10个纬度。辽宁省于8月10日在丹东市东港市（40°N）发现，比2019年同期发生北界山东省烟台市福山区（37.5°N）北扩2.5个纬度。全国发生北界朝阳市建平县（41.4°N），比2019年北界北京市延庆区（40.45°N）北扩了0.95个纬度。

（3）秋季集中为害晚播夏玉米和秋玉米。入秋以后，草地贪夜蛾集中为害黄淮、江淮晚播夏玉米和长江以南地区的秋玉米，出现点片集中为害和普遍受害现象。

2.黏虫

全国玉米黏虫发生面积333万公顷，比2019年减少23.5%，但比2016—2018年的平均值高23.1%。

（1）2代幼虫总体偏轻发生。2代黏虫在东北、华北、黄淮等地总体偏轻发生，仅在黑龙江、吉林和河南的局部地区出现高密度田块。黑龙江虫量低、危害轻，全省百株虫量平均16.1头、最高560.0头，百株虫量达到百头以上的县（市、区）有11

个，仅在宝清县有53.33公顷地块出现玉米叶片受害缺刻现象。吉林主要发生在中部地区，在管理粗放和低洼地块发生较重。陕西、山西、河北、河南一般百株虫量在5.0头以下，山西、河北、河南最高为15～40头，河南省偃师市严重田块百株虫量85.0头。

（2）3代幼虫发生范围广、高密度虫量田块多。3代黏虫在东北、华北、西北和黄淮地区发生总体程度偏轻，但在山东、河南、内蒙古等地局部虫量高、为害重。山东威海市局部重发田块百株虫量达500头，严重的玉米叶片被取食殆尽，仅残留叶片主脉。河南南阳市局部偏重发生田块出现集中为害，发生面积和为害程度为近30年之最，平均百株虫量超400头，造成超33公顷玉米被取食至仅剩茎秆。内蒙古赤峰市红山区偏重发生，平均百株虫量400～500头。

（3）劳氏黏虫呈上升趋势。河北等地8—10月诱蛾量高，成虫、幼虫发生时间长，个别地块幼虫量高。如馆陶县8月11日至9月20日累计灯诱劳氏黏虫154头，巨鹿县9月29日至10月4日性诱累计诱蛾量超1 000头。馆陶县田间百株虫量10～15头，个别地块自生玉米苗受害株率达100%。

3.玉米螟

玉米螟总体偏轻发生，局部地区中等至偏重发生。全国发生面积为1 635万公顷次，造成产量损失110万吨。

（1）大部地区越冬基数明显下降。据2019—2020年度秋冬季各地基数调查数据，东北地区大部持续呈明显下降趋势，黑龙江、辽宁、吉林平均百秆玉米活虫量为15.0～25.0头，比2010—2019年平均值减少5～8成，为近10年来最低值；江苏、河南、山东、河北为28.0～45.0头，其他省份多在15.0头以下。

（2）1～2代幼虫发生较轻。越冬基数的明显下降，大大减轻了1代玉米螟的发生为害，加之东北地区南部的部分地区种植品种抗虫性较强，以及连续多年释放赤眼蜂和利用白僵菌封垛的防治成效明显，因此田间仍维持近年玉米螟为害逐年趋轻的态势。黑龙江省1代玉米螟发生面积为138.00万公顷，是近10年发生面积最少的一年，分别较常年和2019年减少23.6%、18.9%。山西省偏轻发生，百株虫量平均2.0～4.0头，最高为10.0头，被害株率平均2.0%～3.0%，最高为8.0%，发生程度低于常年。

（3）3代幼虫局部偏重发生。河北3代玉米螟偏重发生，发生程度重于2019年，2020年9月的穗期调查数据显示，全省平均被害株率56.8%，个别地块达100%（滦州市），全省百株虫量平均53.8头，最高达343.0头（乐亭县）。山东胶东半岛、鲁中和鲁南地区局部发生较重，全省百株虫量平均13.3头，最高达100.0头。江苏北部的丰县、沛县发生较重，百株虫量分别为18.3头和12.7头。

4. 棉铃虫

全国玉米田棉铃虫发生面积570万公顷，比2019年增加11.2%，比2013—2019年发生面积平均值增加13.4%。

（1）东北地区南部和华北、西北地区局部3代幼虫发生较重。3代幼虫在东北地区南部以及华北、黄淮和西北部分地区普遍发生，其中辽宁、河北、天津等地虫量较高。辽宁锦州市、葫芦岛市、阜新市等地百株虫量一般在100～200头，最高达300头，发生程度为近10年最重。河北重发地块百株虫量为15～56头。天津7月下旬至8月下旬发生高峰期田间被害株率一般为15%～30%，最高达60%。宁夏严重田块被害株率为10%～21%，重于近3年同期。

（2）黄淮海局部4代幼虫发生较重。河北4代棉铃虫发生面积147万公顷，百株虫量一般田块为3～15头，高密度田块为30～80头，虫田率100%，被害株率平均值为30%～80%，虫量最高达180头。河南南阳市局部偏重发生。

（3）多作物同期混合发生现象严重。除玉米、棉花以外，棉铃虫还严重为害花生、大豆、蔬菜（番茄、青椒、茄子、豆角）、中药材、油葵等作物，在黄淮和华北地区已成为为害花生、油葵等作物的主要害虫。

5. 玉米大斑病

玉米大斑病发生面积391万公顷，造成实际产量损失31万吨；总体呈中等发生，东北地区和华北地区局部偏重。辽宁东南部偏重发生。吉林平均病株率超过5%。河北主要发生在北部和中部的春玉米区，总体偏重发生，平均病株率为25%～33%，严重地块病株率超过80%，病叶率平均16%～20%，最高达32%。内蒙古东北部地区偏重发生，病株率平均35%，最高达70%，病叶率平均20%，最高达50%。山西中等至偏重发生，一般田块病株率10%～15%，病叶率8%～10%。山西忻州病株率75%～90%，部分植株的病叶率达到40%～50%。陕西平均病株率19.8%，感病品种病株率最高达100%。河南三门峡夏玉米病株率一般为15%～40%，最高达65%。

6. 玉米锈病

玉米锈病总体中等发生，在黄淮海和西北地区局部偏重发生，发生面积273万公顷，比2019年增加78%，比2008—2019年发生面积平均值高47%，造成产量损失22万吨。

（1）江淮、黄淮和西北地区局部偏重发生。河南总体中等发生，局部偏重发生，平均病株率22%，病叶率14%，发生较重的南阳市和滑县的病株率平均为55%～59%，最高达100%，病叶率平均27%～34%，最高达100%。江苏全省平均病株率21.4%，沿海局部偏重发生，病株率和病叶率最高达97%。宁夏平均病株率24%，病叶率10%，严重田块病株率超过50%，局部地区病株率最高达100%。

（2）南方锈病与普通锈病混发。黄淮海等地南方锈病与普通锈病混发，河北南部地区以南方锈病为主，北部地区以普通锈病为主；南部部分地区病株率30%～60%，病叶率15%～30%，最高达70.0%；北部地区普通锈病平均病株率2%，个别地块达50%～95%。山东以普通锈病为主，以胶东半岛发生较重，威海市9月中旬病田率达70%，病株率40%，病叶率32%；烟台8月上旬病株率36%，9月下旬晚播糯玉米病叶率100%。安徽以南方锈病为主，9月上旬平均病株率为38%，平均病叶率为28%，阜阳市部分县（区）病株率83%～95%，感病品种高达100%。

（3）发病程度与天气条件等因素密切相关。玉米生长期，遇降雨较多、田间湿度大的地区，玉米锈病发生较重。8月上、中旬连续3个强台风，导致南方锈病传入江淮、黄淮海地区，从而时间早、扩散范围广、发病流行程度重。品种抗性表现也影响锈病发生程度，安徽玉米主栽品种对南方锈病抗病性较差，造成南方锈病大面积流行。

（四）马铃薯主要病虫害

马铃薯主要病虫害发生502万公顷次。其中，虫害发生187万公顷次，病害发生316万公顷次。

马铃薯晚疫病总体中等发生，西南地区及武陵山区局部偏重发生，全国发生面积170万公顷，造成实际产量损失22万吨。

（1）总体中等发生，发生面积偏小。马铃薯晚疫病总体中等发生，发生程度轻于近年。全国发生面积比近10年发生面积平均值减少14%，是近10年发生面积次少的一年。

（2）北方产区发生期大部偏早，病情轻于近年。6—7月北方产区陆续查见中心病株，除陕西、吉林偏晚2～3天外，其他大部产区比上年普遍偏早5～14天，黑龙江偏早25天。陕西平均病株率、病叶率分别为12%、6%，低于2019年及近5年平均值，重发地区病株率达30%～45%。甘肃中等发生，9月初平均病田率为48%，发病田平均病株率30%。内蒙古平均病株率10%，最高达到30%。河北、山西平均病株率在10%～30%。

（3）西南地区及武陵山区局部发生较重。重庆、贵州、四川、云南、湖北、湖南等西南地区和武陵山区常年多雨多雾，适合马铃薯晚疫病发生与流行，重庆、贵州、四川攀西及盆周山区、湖北西部二高山和高山产区等地偏重发生。发生期普遍偏早，各地3月份陆续始见中心病株，大部产区比2019年偏早10～20天，重庆偏早40天以上。贵州一般病株率45%，高的达100%；重庆平均病株率39%，局部感病品种田块最高病株率达100%；四川4月中旬平均病田率34%，平均病株率22%。湖北6月下旬在鄂西中高山区一般病株率26%～65%。

（五）蝗虫

2020年全国蝗虫总体中等偏轻发生，局部地区中等偏重发生，个别地区存在高密度点状分布。全国飞蝗发生面积93.21万公顷次，比上年减少1.30万公顷次。

1. 东亚飞蝗

发生面积82.52万公顷次，同比下降2.52万公顷次，主要分布在河北、河南、山西、陕西、山东、天津等黄河滩区以及环渤海湾沿海、华北内涝湖库部分蝗区等常发区，发生面积和发生程度呈下降趋势。但局部地区出现高度蝗群，如安徽淮南市潘集区发生106.67公顷次高密度东亚飞蝗蝗情，最高密度35头/米^2。

2. 西藏飞蝗

发生面积9.83万公顷次，同比下降1.60万公顷次，主要分布在西藏大部和四川甘孜藏族自治州、阿坝藏族羌族自治州以及青海玉树藏族自治州等区域。在通天河、金沙江、雅砻江、雅鲁藏布江等河谷地带以及西藏山南局部偏重发生，最高密度100头/米^2。

3. 亚洲飞蝗

发生面积0.96万公顷次，同比下降0.38万公顷次，主要发生在新疆塔城市南湖以及阿勒泰地区布尔津县、哈巴河县，吐鲁番市托克逊县等中哈边境地区和南疆阿克苏等地区，以及黑龙江和吉林局部苇塘湿地，新疆农牧交错区最高密度5头/米^2。北方农牧交错区土蝗发生面积122.46万公顷次，比上年减少13.35万公顷次，在内蒙古兴安盟突泉县、科右中旗以及新疆塔城地区额敏县等地出现高密度蝗虫，最高密度500头/米^2。

4. 沙漠蝗

从尼泊尔扩散至我国西藏喜马拉雅山南麓河谷地带，主要分布在日喀则市、阿里地区边境7个县，累计发生面积1.83万公顷次，迁入最多的为聂拉木县，累计发现有虫面积0.15万公顷，最高密度达到1 000头/米^2。

5. 黄脊竹蝗

从老挝和越南迁入云南边境地区，累计发生面积4.68万亩次，主要分布在普洱、西双版纳、红河和玉溪4个州（市）10县（市、区）42个乡（镇），其中江城县发生面积大，最高密度达到800头/米^2。

（六）农田杂草

2020年全国杂草发生面积9 739万公顷次，比2019年增加78万公顷次，增幅0.81%。

1. 稻田杂草

一是杂草群落的演替变化和多样性加剧。原先次要杂草逐渐上升为优势种群，如丁香蓼、耳叶水苋等在长江流域大面积暴发。二是旱地杂草水田化。在长江中下游稻区，千金子、马唐、牛筋草等旱生杂草逐渐成为优势种群，茵草、早熟禾等麦田杂草延后危害水稻。三是多年生杂草发生面积危害逐年加重。东北稻区的野慈姑、萤蔺、泽泻、扁秆藨草，长江流域稻区的双穗雀稗、稻李氏禾、水竹叶等多年生杂草成为优势杂草。

2.麦田杂草

一是由阔叶杂草为主逐渐演替为阔叶杂草和禾本科杂草混合发生。在旱旱轮作区，原先由播娘蒿、荠菜等阔叶杂草为主，现在节节麦、雀麦在整个黄淮区域暴发，大穗看麦娘、多花黑麦草、离子芥在部分区域为害严重，形成了阔叶杂草和禾本科杂草混发状态。在水旱轮作区，适应轻简栽培的杂草如茵草、硬草、早熟禾、野老鹳草等发生逐年加重，对除草剂抗性增强。二是杂草发生密度增大。在稻麦连作区，小麦田杂草平均每平方米达100株以上，少数田块达千株以上；在小麦玉米轮作区，雀麦、节节麦每平方米可达几百株至几千株，减产50%～80%。三是难治杂草扩散速度加快，杂草种群表现丰富的遗传多样性。如节节麦目前已经扩散至13个小麦主产省份，由于与小麦亲缘关系近，没有高效安全的选择性除草剂品种；不同地区和不同种群间的黑麦草属、雀麦属等对除草剂耐受性遗传分化加剧，防治难度增大。

3.玉米田杂草

一是次要杂草演变为恶性杂草，杂草群落的结构发生显著变化。东北地区鸭跖草、苘麻、野黍，黄淮海地区铁苋菜、双穗雀稗、香附子，西南地区喜旱莲子草、刺儿菜、马兰等已成为玉米田恶性杂草，且鸭跖草、狗尾草、反枝苋等表现出丰富的遗传多样性，种群间对除草剂耐受性差异加大。二是种子库容明显扩大，杂草多度增加。尤其是免耕、秸秆还田及规模化种植的玉米田，杂草种子库容、田间杂草多度和覆盖度均远远大于传统玉米田。三是缠绕茎秆的杂草猛增，严重制约全程机械化进程。东北地区萝藦、葎草，黄淮海地区牵牛花、打碗花危害日趋严重。

（七）农区鼠害

2020年全国农区鼠害总体呈中等发生（3级），局部偏重（4级）发生。其中，东北、华南、西北部分地区呈偏重至大发生（4～5级），华中大部分地区呈偏轻至中等发生（2～3级）。全国农田鼠害发生面积2 017万公顷，其中重发面积（鼠密度超过8%）420万公顷。

农户住宅区鼠害总体呈中等发生。华北、华东、华南、华中地区大部，西北地区大部，西南地区大部为中等发生（3级），东北、西北地区局部偏重发生（4级），新疆的南疆四地州部分地区偏重至大发生（4～5级），山东、河南、江苏、湖北、甘肃、宁夏、陕西偏轻发生（2级）。全年鼠害发生1.02亿户，与2019年基本持平。

农区鼠害进入种群密度恢复期，发生程度稳中有变，农田鼠密度相对平稳，但农林、农牧交错地带，湖区、库区和沿江（河）流域，山区（半山区）以及种植业结构调整后种植中药材等经济作物的地区、稻田综合种养区、南繁育种基地等农区呈加重发生态势。总体特点为：种植业调整地区农田优势鼠种演替、发生范围扩大，高密度种群点片发生，局部地区鼠害损失加重。

（1）华北地区大部偏轻至中等发生，东部和北部偏重发生。北京、天津轻发生（1级）；河北南部、山西南部偏轻发生（2级），河北北部张家口、承德市大部中等发生（3级），部分农牧交错区偏重发生（4级），河北东部秦皇岛市局部地区偏重发生（4级）；山西永济市、芮城县、平鲁区等地棕色田鼠偏重至大发生（4～5级），吕梁山脉、恒山山脉丘陵地区中华鼢鼠偏重至大发生（4~5级）；内蒙古大部偏轻发生（2级），赤峰市、锡林郭勒盟、呼和浩特市、乌兰察布市、呼伦贝尔市、通辽市等盟（市）的部分旗（县）农牧交错区中等至偏重发生（3~4级）。

（2）东北地区大部中等至偏重发生，局部地区大发生。辽宁中等发生（3级）；吉林大部中等到偏重发生（3~4级），东部部分地区以及长春、吉林、辽源、松原、白城等地区的山区、半山区、沿河流域，以及农林农牧交错区等地偏重至大发生（4~5级）；黑龙江大部偏重发生（4级），哈尔滨、佳木斯、黑河、齐齐哈尔市西部的农草交错区、沿江流域及蔬菜和经济作物地区大发生（5级）。

（3）西北地区大部偏轻至中等发生，局部偏重至大发生。陕西大部偏轻发生（2级），渭北旱塬部分乡（镇）、浅山丘陵区、陕北部分果园和苗木基地中等至偏重发生（3~4级）；甘肃、宁夏大部偏轻发生（2级），甘肃大部中华鼢鼠偏重发生（4级），甘肃平凉市的静宁县、崆峒区、崇信县、庆阳市的镇原县、环县、正宁县、环县、定西市的安定区、通渭县、临洮县、岷县，天水市的麦积区、秦州区中等至偏重发生（3~4级）；宁夏大部偏轻发生（2级），宁南山区山林与山地相邻区、中部地区同心、海原、盐池等农牧交错区中等至偏重发生（3~4级）；青海大部偏重发生（4级），门源县、海晏县、刚察县、共和县、祁连县、贵南县、同德县、兴海县、乌兰县、德令哈市、都兰县、湟源县、湟中县、大通县、互助县、平安区高原鼢鼠偏重到大发生（4~5级）；新疆（含生产建设兵团）大部偏重发生（4级），喀什地区疏附县、莎车县、伽师县、疏勒县、英吉沙县，阿克苏地区阿克苏市、库车县、拜城县、温宿县、新和县、和田地区和田市、和田县、皮山县等地偏重至大发生（4~5级），新疆生产建设兵团四师昭苏、新源、伊宁，五师84团，九师塔城，十师阿尔泰垦区等退耕还林地、玉米播种区域及粮食种植区偏重发生（4级）。

（4）华东地区大部偏轻发生，局部中等发生。上海、江苏、安徽、浙江、山东大部偏轻发生（1～2级），安徽沿淮西部和皖东南地区中等发生（3级）；浙江部分山区、半山区及城乡结合部中等发生（3级）；江西大部偏轻至中等发生（2～3级），赣南、赣西、赣东北山区、农林交错区以及环鄱阳湖区域中等发生（3级）；福建大部中等发生（3级），南平市西北部、莆田市大部以及福建部分甘薯种植区中等至偏重发生（3～4级）。

（5）华中地区大部偏轻发生，局部中等至偏重发生。河南、湖北大部中等偏轻发生（2级），河南豫东沿黄沙地小麦花生轮作区、豫西果园棕色田鼠中等至偏重发生（3～4级），河南东部大仓鼠种群密度增长较快，呈加重趋势；湖北江汉平原地区稻鱼（虾）综合种养区大部中等至偏重发生（3～4级）；湖南大部中等发生（3级），湘南、湘西部分地区中等至偏重发生（3～4级），洞庭湖地区东方田鼠偏重发生（4级）。

（6）华南地区大部中等至偏重发生，局部地区偏重至大发生。广东、广西、海南大部中等至偏重发生（3～4级），粤东、粤北、珠江三角洲地区偏重至大发生（4～5级）；广西全州县、兴安县、灵山县、鹿寨、八步区、防城区、北流市、宜州区、桂平市、平南县、上林县等地的部分地区偏重发生（4级）；海南临高县、海口市、儋州市、东方市、乐东县、三亚市等地部分地区以及南繁育种基地偏重至大发生（4～5级）。

（7）西南地区大部中等发生，局部偏重发生。四川大部偏轻至中等发生（2～3级），川西高原农牧交错区、川南丘陵区偏重发生（4级）；重庆大部中等发生（3级），渝东北、渝西地区以及长江沿江部分地区偏重发生（4级）；贵州大部中等发生（3级），黔北、黔中、黔东大部分地区中等至偏重发生（3～4级）；云南大部中等偏轻发生（2级），偏远山区和半山区蔬菜、果树、中药材种植区中等发生（3级）；西藏大部中等发生（3级），拉萨市、山南市、日喀则市、昌都市、林芝市等地农牧交错区中等至偏重发生（3～4级）。

▍二、监测工具与信息化系统应用进展

（一）草地贪夜蛾性诱监测工具

2019年草地贪夜蛾侵入我国并快速扩展，对我国农作物生产安全构成严重威胁。为解决基层缺乏简便有效监测工具这一当务之急，国内多家企业、科研单位研发出多种性诱产品，为及时监测草地贪夜蛾种群发生发展动态和开展防控工作发挥了重要作用，但同时诸多性诱产品存在专一性不强、持效性和稳定性有待提高等问题。因此，2020年对重点产品开展系统试验，进行产品诱集效果、专一性和持效性评价，以便向生产推荐优质高效产品，实现草地贪夜蛾性诱标准化。

1.试验完成情况

根据推广应用范围和力度，重点开展对3家研发企业（NK、BLB、ZJ）与中国农科院植物保护研究所（ZBS，作为对照）提供的性诱产品进行诱集效果和持效期试验。其中，在云南寻甸县于8月2日至12月29日进行诱集效果比较试验，以及长达5个月的持效期试验；在湖北大冶市、枝江市、黄州区，湖南江永县和广西宜州区于8—11月进行为期40～109天的诱芯效果和专一性试验；云南、广西、四川、湖北、湖南5个省份7个县（市、区）的植保站等单位对BLB Ⅰ型和Ⅱ型产品进行田间诱集效果和持效期试验。

2.主要进展

（1）诱集效果。在云南寻甸县，NK、BLB、ZJ和ZBS的性诱产品在8月中旬成虫盛发期，单日单台诱捕器诱蛾量在百头以

上，BLB诱芯的诱蛾量最高，达1 100多头。在湖北大冶市、枝江市、黄州区和湖南江永县及广西宜州区，BLBⅠ型产品在8月下旬至9月中旬单日3台诱捕器诱蛾量为25～497头，Ⅱ型产品在8月下旬至11月上旬单日3台诱捕器诱蛾量为14～171头；5个试验点诱蛾总量Ⅰ型是Ⅱ型的3.3倍。

（2）持效期。NK、BLB、ZJ 36天（10月28日）持效期，即单台诱捕器诱蛾量为39～51头，60天（11月22日）诱蛾量为10～15头，诱集数量是对照诱芯的5倍以上，至12月14日田间虫量较低时，四家产品仍可诱到4～7头成虫，持效期大于80天，中捷四方产品持效期达120天。

（3）专一性。在云南寻甸县，10月下旬至11月上旬试验结果显示，NK、BLB、ZJ和ZBS产品诱到少量劳氏黏虫和黄地老虎，杂虫率低于1%。湖北大冶市、枝江市、黄州区3个点BLB两种诱芯诱到劳氏黏虫等夜蛾类昆虫，Ⅰ型和Ⅱ型平均杂虫率分别为2%和5%，杂虫率最高的湖北黄州区分别为4%和6%，单日最高为14%和12%。

3.应用前景

（1）优化性信息素组合，提高专一性。我国草地贪夜蛾性信息素组分为：顺9-十四碳烯乙酸酯、顺11-十六碳烯乙酸酯、顺7-十二碳烯乙酸酯、顺9-十二碳烯乙酸酯，试验产品由其中不同比例和含量的2～4种成分组成。诱集结果证明以上主组分配方产品都具有较好的诱集效果，在低虫量时也表现较高的敏感性。试验产品有效含量有1毫克、3毫克、12毫克，含量的差别导致诱蛾量出现10倍左右的差别。以上组分的前3种组分与劳氏黏虫的成分相同，因而各地田间可诱到该虫。下一步需要继续优化诱芯成分组成、比例和含量，在协调有效性、敏感性的同时，研究草地贪夜蛾性信息素的微量组分，这往往是性信息素种物特异性的关键成分，争取在专一性方面有所突破。

（2）优化性诱芯载体，提高稳定性。田间试验发现两种现象，一是有的产品在更换诱芯的前几天诱虫量较低、随后虫量突增，二是有的产品田间使用一段时间后，出现诱虫量增加、与田间实际虫量不匹配现象。分析原因，一是性诱载体材料（聚乙烯 PE、聚氯乙烯 PVC）在低温贮存后结构改变，导致性信息素释放量过低，二是有的产品为了保持较长持续期，加大诱芯含量的同时，利用缓释剂控制前期性信息素的释放，但随着其作用的衰退，性信息素释放量增加，导致田间虫量不高但诱虫量高，影响数据的代表性和可比性。因此，需要选择合适载体、缓释剂，以更好地保持诱集效果的稳定性和持效期。

（3）探明性诱效果影响因素，提高适用性。草地贪夜蛾性诱剂生产上应用发现，不同产品在北方和南方地区诱集效果明显不同。田间系统试验也发现，不同试验点、不同地势高度田块结果也有差异。分析造成差异的原因，对推广应用性诱技术也十分必要。比如分析性诱芯的作用距离，可指导监测防治田间性诱剂设置密度。草地贪夜蛾性信息素组分为双键化合物，表现不太稳定是内在因素，同时也易受光照、温度、湿度、风速等环境因素的影响。因此，需要继续研究草地贪夜蛾发生活动规律和交配行为等生物学习性，分析草地贪夜蛾性信息素的地区差异性及当地优势害虫的性信息素组分，由此研发高效专一的性诱产品，推进性诱技术提高。

（二）稻纵卷叶螟食诱监测工具

稻纵卷叶螟是威胁我国水稻生产安全最主要的害虫之一，其发生面积、危害程度和实际损失仅次于稻飞虱。由于稻纵卷叶螟成虫具有远距离迁飞习性、趋光性不强，对其成虫种群动态的掌握一直是调查、监测和预报的难点。长期以来采用的田间赶蛾法，存在种类难以鉴定、计数易出现误差、劳动强度大、难以标准化等问题；在以黑光灯或金属卤化物为光源的灯诱监测中，常常出现单点诱集总量少或者监测点间灯诱反应不一致、不具对比性等问题；近年来发展的性诱监测技术，尽管专一性好、诱集量显著提高、峰次反应敏感、有利于进行标准化和自动化，但由于只能诱集到雄蛾，无法通过雌蛾卵巢解剖技术掌握种群性成熟状态。为解决稻纵卷叶螟成虫种群监测难题，2020年系统开展了食诱监测工具应用试验。

1.试验完成情况

在江苏宜兴市、张家港市、金坛区，浙江龙游县、象山县，湖北石首市、天门市，湖南浏阳市、邵东市、醴陵市，广东博罗县，广西全州县、融安县等6省份一些地区建立了13个稻纵卷叶螟食诱监测技术试验点，并以常规灯诱、性诱和田间赶蛾作为对照。7月上旬至10月底，13个试验点中，除广西融安县因当年田间虫量太少未开展试验，广东博罗县与广西全州县试验启动较晚以外，其余10个试验点均按试验方案顺利完成试验。

2．主要进展

（1）诱虫量。经统计分析，各试验点食诱剂单个诱捕器日均诱虫量平均值为12.85头/天，最小为湖北天门市1.91头，最大为湖南醴陵市33.73头；各试验点性诱剂单个诱捕器日均诱虫量平均值为5.88头/天，最小值为江苏宜兴市1.72头，最大值为湖北石首市12.53头。由此可见，在诱虫量上，食诱剂明显高于性诱剂，各试验点食诱剂总诱虫量约为性诱剂的2.2倍。与灯诱、田间赶蛾法相比较，所有试验点中仅湖北天门市的食诱虫量高于灯诱，仅江苏金坛区食诱虫量高于田间赶蛾，其余点均低于传统灯诱和田间赶蛾法。

（2）峰次和峰期。各地试验结果普遍表明，食诱剂能够准确反映田间稻纵卷叶螟成虫种群动态，监测到的峰次、峰期、蜂日蛾量，与田间赶蛾、性诱、灯诱等传统方法基本吻合，4

种监测方法分别在长江中下游单季晚稻区、单季中稻区和华南双季晚稻区同期监测到 3 个、2 个和 1 ~ 2 个峰次，峰期依次为 7 月中下旬、8 月上中旬和 9 月中旬；同时食诱监测具有出峰早、峰形明显、峰次涵盖范围广等特点，对田间稻纵卷叶螟发蛾情况（迁入＋本地蛾）有较好的指示作用。

（3）专一性和性比。食诱监测的专一性较高，靶标数量占总诱虫量的比率一般高于85%，但不及性诱（95%以上）。从雌、雄蛾的总量对比及逐日对比看，食诱监测性比均大于 1。

（4）与田间幼虫和卵的动态关系。江苏宜兴市、湖北天门市的结果表明，食诱每个蛾峰2 ~ 4天、10天后田间出现低龄幼虫高峰。湖南醴陵市7月中旬食诱监测到蛾峰后，7月下旬田间百穴幼虫量达到峰值560头。湖南邵东市食诱捕获雌蛾与田间网捕雌蛾卵巢发育进度基本一致，4 ~ 6天后出现落卵量高峰。

（5）与气象因素的关系。初步试验表明，稻纵卷叶螟食诱剂的诱捕量受气候因素影响总体较小，作物生育期、田间温湿度、风速、日照时间等因素对诱虫曲线波动的影响较小，与其他工具表现较为一致。湖北天门市的试验表明，食诱虫量与温度在一定范围内呈正相关，但强降雨对诱集效果有负面影响。

3.应用前景

试验结果表明，稻纵卷叶螟食诱剂在诱虫量、灵敏度方面均优于现有性诱剂，能够准确、及时反映田间成虫、幼虫发生趋势，且受气象条件等环境因素影响较小，在稻纵卷叶螟成虫种群动态监测上具有广阔的应用前景。但在应用于生产时，仍需在以下方面优化提升。

（1）优化有效成分配比，提高专一性。从成虫诱集原理上，不同诱集技术的专一性预期表现不同：灯诱基于光波反应，不同害虫种类之间特异性波长多有重叠或交叉，在使用20W黑光灯等广谱性光源的前提下，专一性较差；性诱基于种内交配行为，具有天然的种专一性，只要性诱芯有效成分含量、配比恰当，且生产工艺除杂和稳定性好，专一性很有保障；食诱基于成虫补充营养行为，农田环境中相似生态位的种类往往会对食诱配方的特异性造成干扰。

目前稻纵卷叶螟的食诱剂专一性仍不理想。一是较高的杂蛾率给分类统计增加了难度，不利于后续的标准化和自动化；二是吸引天敌昆虫和其他中性昆虫，不利于天敌保护与利用。为提高稻纵卷叶螟食诱剂的专一性，下一步需要从试验中引诱到的杂虫种类入手，进一步区分近似种类取食引诱物质的差异，从食诱剂主成分配比和含量、微量成分控制等方面进行改进和优化。

（2）提升生产工艺，提高释放均一性和持效期。试验中发现，稻纵卷叶螟食诱剂目前气味释放不够稳定、均一性较差，前期气味太浓有驱避作用，诱集量少，要过5天左右才能正常引诱；后期气味变淡效果不理想，需及时更换，增加了劳动量和使用成本，不利于种群动态的长期监测。下一步要从改进有效成分和载体材料入手，延长持效期、提升释放的均一性，实现生物食诱剂的长期、稳定释放。此外，进入食诱瓶的害虫存在逃逸现象，需改进诱捕器设计以减少逃逸。

（3）探索田间监测技术体系。鉴于试验年份气象条件单一，稻纵卷叶螟食诱剂诱集效果与作物生育期、气候因素的关系仍需进一步试验验证。此外，稻纵卷叶螟食诱剂及其诱捕装置的放置高度、空间布局、诱捕有效范围等田间应用参数仍待进一步试验，为其大范围推广应用打下基础。

（三）小麦赤霉病预报器

为提高小麦赤霉病监测预警的自动化和信息化水平，2020年组织开展了小麦赤霉病自动监测预警技术试验示范，对各地小麦赤霉病自动监测预警系统预测效果进行评价和分析，并对该技术进行优化。

1.试验完成情况

在江苏仪征市、安徽凤台县、湖北天门市、河南平舆县、陕西蒲城县等5个县（市）开展了小麦赤霉病预报器试验示范工作，包括赤霉病带菌率调查、预测准确性验证和预测模型优化等。

2.主要进展

（1）预测准确率验证。小麦赤霉病预报器通过传感器，实时采集温度、相对湿度、叶片表面湿度及湿润时间、降水量等影响小麦赤霉病发生流行的田间环境因子数据，并应用GPRS等技术无线传输至分析系统平台，通过内置的预测模型进行模拟，并根据未来7天气象预报数据对蜡熟期小麦赤霉病病穗率进行预测，预测结果随预测时间的推后逐日进行修正。2020年5点试验表明，小麦赤霉病预报器在江苏仪征市、河南平舆县、陕西蒲城县和湖北天门市的预测准确率高，达80%～100%；但由于种植户对对照田进行农药防治，影响了预测准确率，安徽凤台县的预测准确率比较低（表2-1）。

表2-1　试验地小麦赤霉病发生情况预测与评估

试验地点	预测值		实际值		准确率 / %
	病穗率 / %	流行程度 / Fi	病穗率 / %	流行程度 / Ai	
江苏仪征市	13.29	2	18.60	2	100
安徽凤台县	66.98	5	6.21	1	0
湖北天门市	0	0	5.85	1	80
河南平舆县	3.44	1	1.92	1	100
陕西蒲城县	8.30	1	2.40	1	100

（2）模型优化。目前在黄淮海麦区推广应用的是玉米小麦

轮作区预测模型系统，模型中的初始菌源量使用的是单位面积的玉米秸秆带菌率，对稻麦轮作区小麦赤霉病预测准确度有一定的影响。鉴于该系统在稻麦轮作区小麦赤霉病预测准确性较低的现状，采用多元线性回归、BP神经网络和灰色预测3种方法，以江苏太仓和张家港地区为例建立针对稻麦轮作区的赤霉病病穗率预测模型。

以江苏太仓地区1991—2013年田间稻桩带菌率及关键气象因子为自变量，小麦赤霉病病穗率作为因变量，采用多元线性回归、BP神经网络和GM灰色预测构建了3种预测模型。结果表明，BP神经网络预测的平均相对误差最小（表2-2）。

表2-2　太仓地区小麦赤霉病预测3种模型对比

年份	统计项目	多元线性回归	BP	GM
2014	实际值	4.70	4.70	4.70
	预测值	8.07	10.37	21.15
	误差	3.37	5.67	16.45
	相对误差	0.72	1.21	3.50
2015	实际值	10.20	10.20	10.20
	预测值	3.12	6.53	22.48
	误差	7.08	3.67	−12.28
	相对误差	0.69	0.36	−1.20
2016	实际值	47.30	47.30	47.30
	预测值	6.79	28.03	23.89
	误差	40.51	19.27	23.41
	相对误差	0.86	0.41	0.49
	平均相对误差	0.76	0.66	0.93

以江苏张家港地区2006—2018年田间稻桩带菌率及关键气

象因子为自变量，小麦赤霉病病穗率作为因变量，采用多元线性回归、BP神经网络和GM灰色预测构建了3种预测模型。结果表明，BP神经网络预测的平均相对误差最小（表2-3）。

表2-3　张家港地区小麦赤霉病预测3种模型对比

年份	统计项目	多元线性回归	BP	GM
2019	实际值	3.74	3.74	3.74
	预测值	6.90	8.42	2.54
	误差	3.16	4.68	1.20
	相对误差	0.84	1.25	0.32
2020	实际值	0.32	0.32	0.32
	预测值	1.80	0.56	13.23
	误差	1.48	0.24	12.91
	相对误差	4.63	0.75	40.34
	平均相对误差	2.73	1.00	20.33

（四）全国草地贪夜蛾发生防治信息调度平台功能升级

根据全国草地贪夜蛾防控工作需要，为满足农业农村部掌握各地草地贪夜蛾发生情况和防治工作进展需要，于2019年建成了"全国草地贪夜蛾发生防治信息调度平台"（以下简称"平台"），实现首次发现24小时内报告、发生防治信息一周两报等基本任务。2020年，按农业农村部严格信息报送制度要求（农农发〔2020〕1号），进一步对平台进行了功能完善和拓展优化，完成虫情数据和防控进展及时调度，实现了信息"一盘棋"调度、实时共享和挂图作战的目标。

1.功能升级重点

平台采用模块化构架结构，由首页、数据填报、数据汇总、数据分析、GIS展示、填报统计和知识库7个基本模块组成。2020年，平台重点规范了填报表格类型和内容，实现了数据筛选与导出，拓展了GIS展示，增加了数据分析展示和知识库等功能，力求虫情信息传输客观全面、及时快速，信息展示要素突出、直观形象、针对性强。在数据填报方面，增加了幼虫发生情况报告首见后自动启动县级周报表、逐级审核上报、逐日蛾量周报等功能，既可掌握草地贪夜蛾种群扩展、幼虫发生为害和防控总体累计情况，还可掌握各类成虫诱测工具的应用效果，从宏观和微观更全面地了解虫情动态。在数据汇总方面，对首次发现报送表、发生情况周报表、逐日蛾量周报表三类表格进行功能完善，实现发生地区、时段、作物、面积、虫量等任一字段汇总，以及选定时间一至六个字段的筛选，并实现以上数据的导出，极大地方便了所需信息的查询，提高了数据利用率。在数据分析方面，重点拓展了综合分析功能中的总体发生防控情况分析和首次发生时间分析，总体发生防控情况分析包括全国和分省当年及上年发生县数、累计发生面积、累计防治面积等，以柱状图和拆线图形式展示，直观展示虫情发生动态。在GIS展示方面，重点加强幼虫首次发现时间、成虫首次发现时间、幼虫成虫首次发现时间、首次发现时间对比、发生县数GIS分布图展示，增加全球扩展图、我国逐月扩展图的动态推演图，展示草地贪夜蛾扩展速度和区域范围。

2.作用与成效

（1）平台是虫情调度的有效工具。2020年，平台实行首次查见当天即报；已发生幼虫区实行周报制，西南华南周年繁殖区全年、江南江淮迁飞过渡区3—11月、黄淮海及北方重点防范区4—10月。完成以上报告，可以及时掌握草地贪夜蛾迁飞扩散区域、幼虫发生区域、发生数量和为害作物及防控工作情况，依据各地填报数据，平台完成2020年种植业快报病虫害防控专刊32期，为部领导及有关司局和省级农业农村部门了解草地贪夜蛾虫情及其工作动态提供了重要渠道，从而为防控工作安排部署争取了主动。

（2）平台成为了解虫情动态的重要窗口。GIS图形和图表展示的可视性、直观性、多样性是平台的突出特征。平台丰富的GIS展示和动态推演图，可月、周、日尺度形象地反映出草地贪夜蛾在我国自南向北快速扩散特点，并可在一个视野下进行虫情年度间、省份间的图视化演示。在虫情发生关键时期，农业农村部可查看该平台调度草地贪夜蛾发生情况；疫情发生严重阶段，部相关司局在无法实地调查的情况下，也能实时了解到虫情发生防治的有效信息，及时调整防控重点。

（3）平台是监测防控效果体现的重要途径。平台调度信息直接反映2020年监测工具到位率和有效性。从见虫省份看，2020年27个省份中有22个是首见成虫，占比为81%，而2019年26个中仅有6个省首见成虫，占比增加58个百分点；从首见幼虫县（市、区）看，2020年有826个，占总发生县（市、区）1 426个的58%，其中的580个县（市、区）完成了逐日蛾量周报表，凸显各地监测工具加密布防的效果，也为"三区四带"布防提供有效工具的依据。监测的及时和到位，为防控部署争取了时间；布防的有效，大大减轻了防控压力。因此，平台信息也是全国草地贪夜蛾防控效果体现的重要途径。

（4）平台为规律性研究积累了基础数据。平台收集了草地贪夜蛾发生地、发生时间、虫口密度、为害作物等基本情况，2019年累计数据162.3万项，2020年81.6万项。依据以上资料，基本摸清了草地贪夜蛾周年繁殖区分布和面积、春—夏—秋季北迁南回为害规律、为害寄主作物种类以及气候条件的影响等，也可为成虫迁飞路径分析验证、未来雷达监测设置等提供第一手资料。

3. 应用前景

（1）增加平台预测功能。根据目前掌握的草地贪夜蛾生物学习性和发育参数，预测各虫态发生期；依据虫源基数和寄主作物分布，综合运用各地降水、温度、风场、台风等天气条件，分析和研判未来发生趋势。

（2）探索接入物联网工具获取实时监测数据。针对害虫性诱和虫情测报灯等物联网监测设备类型，开发数据接口，实现虫量数据的实时传输与处理。

（3）提高平台的智能化处理水平。优化表格内容和要素分类，实现数据清洗、重新汇总、自动筛选、智能分析和个性化展示，提升虫情调度的严密度、准确性、直观性和有效性，并向基层用户进一步开放全国虫情展示功能，实现区域信息共享共用。

（五）鼠害物联网智能监测系统推广应用

根据全国农区鼠害监测需要，平台于2018年开始开展鼠害物联网智能监测，持续推进害鼠监测数字化和智能化。采用图像自动采集、数字图像处理、人工智能识别、无线传输等多项先进技术，融合构建鼠害物联网智能监测系统，对农区害鼠活动情况进行监测管理，通过系统综合分析得到监测数据，了解害鼠种群发生发展态势。2020年，平台进一步对系统和设备进行了功能完善和拓展优化，从版面布局、展示内容、常用功能等模块更新完善鼠害物联网智能监测大数据平台。

1. 功能升级重点

系统由VIMS2.0升级为VIMS4.0：第一，基于物联网的数据采集系统，即鼠情监测终端，主要部件组成包括箱体、红外监测模块、体重测量模块、温度湿度模块、高清摄像模块（像素1920×1080）、无线通信模块、大容量直流电源等；第二，基于机器视觉的模式识别系统，通过对摄像机采集的视频序列图像进行分析，利用粒子滤波器在每一帧图像中定位运动害鼠，利用时间序列分析方法对害鼠的行为序列进行分析、建模，并利用模型解析行为数据，从而实现害鼠分类分析；第三，基于大数据的挖掘分析系统，利用分布式聚类方法将特征相近的害鼠聚成一类，对每个聚类利用基于多层卷积神经网络的深度学习模型，对多分类的害鼠图像进行建模训练，从而实现高精度的害鼠识别分类。在聚类分析结果基础上，利用深度学习方法对害鼠图片进行建模分析，训练生成自动识别害鼠的分类器；第四，可视化展示系统，将各种类型的数据，通过不同的呈现方式，包括结合地理信息系统、数据统计图表、三维建模、时空态势展示等丰富的展现形式，将数据直观地呈现给用户。

2.应用情况

2020年，平台在全国共布设智能监测设备84台，监测总天数为18 250天，平均每台设备有效监测天数为217.3天，共监测到害鼠2 402只，其中农田共监测到鼠数量为1 915只，农舍监测到鼠数量为487只。农田监测到11个鼠种，包括黄毛鼠、板齿鼠、褐家鼠、小家鼠、黑线姬鼠、黄胸鼠、大仓鼠、莫氏田鼠、灰仓鼠、黑线仓鼠、鼩鼱；农舍监测到8个鼠种，包括板齿鼠、褐家鼠、小家鼠、黄毛鼠、黄胸鼠、大仓鼠、黑线姬鼠、鼩鼱。据统计数据，黄毛鼠、褐家鼠、板齿鼠、小家鼠、鼩鼱为主要的为害鼠种，占捕获总数的89.26%。经系统分析，全国农区鼠密度平均为13.6%，同比增长4.3个百分点，总体呈中等发生局部偏重趋势。

大数据分析表明，2020年害鼠总密度有明确的季节变化趋势，基本呈现双峰型。其中不同生境害鼠总密度和农田总密度均出现两个活动高峰期，即6—8月和9—12月；农舍总密度出现一个较为明显的活动高峰值，即10月，另有3个小高峰值分别出现在4月和7月（图2-1）。

根据2018—2020年全国农区鼠情发生情况和相关数据对比分析，初步判断2021年农区鼠害发生趋势：鼠密度上升，害鼠总密度有明确的季节性变化趋势，其中，6—7月是为害期，10—12月为严重危害期（图2-1）。

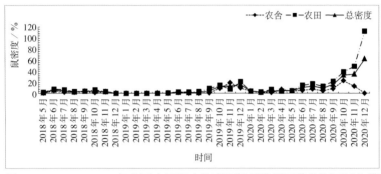

图2-1　2018—2020年全国农区鼠害物联网智能监测系统监测不同生境鼠密度的季节性动态

三、监测预警技术课题研发进展

（一）抗虫棉花与抗虫玉米的农田风险区域性监测

"农业生态风险监测与控制技术"属农业农村部下达的转基因生物新品种培育重大专项课题，实施时间为2016年1月至2020年12月，由中国农业科学院植物保护研究所主持，全国农业技术推广服务中心承担了"抗虫棉花与抗虫玉米的农田风险区域性监测"专题。专题研究内容有：在全国三大棉区开展棉花节肢动物种群系统监测，研发玉米节肢动物监测技术，在黄淮海和东北玉米主产区开展玉米节肢动物系统监测。

1.主要研究进展

（1）系统监测了三大棉区棉花节肢动物种群动态。在长江流域、黄河流域、西北内陆三大棉区13个棉花主产省份开展棉花节肢动物种群系统监测，全国病虫害区域站完成了棉铃虫、棉蚜、棉叶螨、棉盲蝽、棉红铃虫等害虫模式报表、系统调查表、统计表、预测表等填报任务，5年累计收集20多万项数据；华南、江南、西南、长江中下游、黄淮、华北、西北和东北地区重点区域，利用高空测报灯观测了棉铃虫、黏虫、小地老虎等害虫成虫数量，获取有效数据3万余项，为掌握种群动态规律提供了第一手资料，女兵位及时掌握虫情发生动态、做好全国预报提供了重要依据。

（2）研发了棉田和玉米田重要害虫灯诱和性诱监测工具。重点开展了棉田重要害虫特异性灯具、性诱工具研发和试验示范。在新疆试验了3种不同波长灯具对牧草盲蝽、苜蓿盲蝽、棉铃虫、玉米螟、草蛉以及3种地老虎的诱集效果，在河北试验了3种不同波长灯具对绿盲蝽、二点委夜蛾、玉米螟、棉铃虫、黏虫、桃蛀螟、黄地老虎和小地老虎的诱集效果，经与常规测报灯比较，筛选出适宜新疆和黄河流域优势盲蝽种类的特异波长灯具。同时在三大棉区进行了盲蝽性诱工具试验，推荐出优势盲蝽种专一性强、诱集效果高的性诱监测工具。在新疆和河北进行了棉铃虫性诱自动计数系统诱集效果试验，证实监测数据能反映成虫的发生动态规律，性诱峰期和峰日与灯诱效果一致，自动计数准确率较高，由此推进了性诱自动计数工具的研发和应用。

（3）研发了棉田和玉米田重要害虫测报技术。完成棉田盲蝽、棉蓟马、烟粉虱、玉米田棉铃虫、二点委夜蛾、玉米蚜虫测报技术研究，确定了害虫发生程度分级指标和系统调查、大田普查、预测方法、信息传输等方面技术。完成了夜蛾类害虫性诱监测技术研究，确定了斜纹夜蛾、甜菜夜蛾、小地老虎、大豆食心虫等主要夜蛾类害虫性信息素成分配比和含量，以及诱捕器类型、田间设置方式、监测时期、调查内容和数据分析等技术，满足了生产上对重要害虫调查监测技术的需求。

（4）开展了棉花和玉米病虫监测防控技术培训。开展了棉花、玉米病虫调查和技术指导，分别在新疆库尔勒市、奇台县、内蒙古巴彦淖尔市、新疆乌鲁木齐市举办了应用技术培训，培训基层技术人员450人次。采取了全国培训、分区培训、巡回培训等组织形式，探索了集中授课、田间实习、动手互动相补充的教学模式，活动的开展有助于提高当地农作物病虫害监测与防控技术，促进了先进监测防控技术的应用，受到当地农业部门、基层技术人员的欢迎，也为我国棉花产业结构调整和减药控害提供了重要科技支撑。据统计，2016—2020年与2001—2010年相比，棉花病虫草害防控用药减少4成以上，损失率降低了6.6个百分点，近5年实际损失率控制在5%以下。

2.技术成果

（1）制定7项农业行业标准。2016—2020年完成制定了《农作物害虫性诱监测技术》《盲蝽测报技术规范 第1部分：棉花》《烟粉虱测报技术规范》《棉蓟马测报技术》《二点委夜蛾测报技术》《玉米田棉铃虫测报技术》《玉米蚜虫测报技术》等7个农业行业标准，形成了棉花和玉米虫害测报系列标准，加快了棉花和玉米害虫测报技术标准化进程，为促进监测预报水平提高提供了技术支撑。

（2）推进棉花和玉米害虫监测技术进步。姜玉英研究员以第一作者发表论文8篇，总结了棉花和玉米主要害虫种群调查及测报技术研究进展，分析了种植业结构调整导致棉铃虫、盲蝽等害虫灾变风险增加，以及气候变化引起宁夏等西北地区棉铃虫加重发生的关键因素。出版《棉花病虫草害调查诊断与决定支持系统》著作、开发了对应的系统软件，并发放至棉花三大种植区域20个省份的推广机构、科研单位、生产大户和普通农民，为做好棉花病虫草害田间调查和测报防治提供了重要参考。

（3）获得盲蝽类重要害虫灾变规律与绿色防控技术重要成果。借助项目支持，建立完善了盲蝽监测预警技术体系，构建熟化了全国盲蝽数字化监测预警系统，中、短期预报准确率分别达93.1%和96.8%。"盲蝽类重要害虫灾变规律与绿色防控技术"获得2017年中华农业科技奖一等奖。

（二）草地贪夜蛾迁飞路径与监测技术研究

全国农业技术推广服务中心承担了国家重点研发计划"草地贪夜蛾防控关键技术研究与集成示范"项目的"草地贪夜蛾迁飞路径与监测技术研究"课题研究任务，重点进行草地贪夜蛾监测预报技术研究。

1.主要进展

（1）初步明确我国草地贪夜蛾冬繁区和越冬区。冬季（2019年12月至2020年2月）经广泛调查，草地贪夜蛾在我国云南、广东、海南、四川、广西、福建、贵州7省份的47个市（州）183个县（市、区）幼虫发生为害，玉米是其冬季主要寄主作物，局部地区可见为害小麦和甘蔗；福建、广东、广西、贵州在幼虫冬繁区以外地区诱到成虫；浙江、湖南、江西、重庆4省份的16个市（州）27个县（市、区）在30个点查到活虫（蛹）。即我国草地贪夜蛾冬繁区（周年繁殖区）位于28°N以南，即1月平均温度10℃等温线以南区域；越冬区在31°N以南，即1月平均温度6℃等温线以南区域。冬繁区和越冬区的确定，为我国草地贪夜蛾监测预报和分区治理提供重要依据。

（2）开展不同发生区划间的迁飞路径研究。为明确草地贪夜蛾在我国的迁飞路径和发生区划，基于2014—2018年历史气象资料，利用轨迹分析方法和有效积温模型模拟该虫在我国的迁飞过程和发育进度，明确其迁飞过程和时空分布范围，可为该虫的监测预警方案和防控策略制订提供理论参考。研究表明，我国草地贪夜蛾发生区可划分为4个区域。第一，华南南部9～12代区，即常年越冬区，大致在1月10℃等温线以南地区，包括广东、广西、云南、福建、台湾等省份南部以及海南岛，除了本地越冬种群外，3—4月不断有境外虫源迁入。第二，长江以南6～8代区，包括长江以南大部分区域以及云南省大部、贵州省东南部，该区域3月即可出现成虫迁入，主迁入期为4—5月。第三，黄淮海及西南3～5代区，包括江淮、黄淮地区，华北平原，四川盆地和贵州省大部，其中黄河以南地区4—5月开始由长江以南地区零星迁入，主迁入期为5—6月，而黄河以北地区全年发生3～4代，主迁入期为7月。第四，北方1～2代区，包括甘肃省东部，宁夏回族自治区，陕西、山西和河北等省份北部，内蒙古自治区南部以及东北地区，该区域7月才出现成虫迁入。

此外，鉴于华北平原玉米主产区受到草地贪夜蛾迁入为害的威胁，模拟了华北平原虫源的迁飞路径和格局，发现受我国"西抬东倾"地貌格局与东亚季风的影响，华北平原草地贪夜蛾迁出路径具有明显的季节性规律，可形成"西南—东北"方向的"空中走廊"。夏末前（6—7月）华北平原草地贪夜蛾成虫以北迁为主，东北平原的辽宁、吉林等省份是其主要降落地；秋季（9—10月）则向南部的湖北、安徽和湖南等省份迁飞。

（3）发展性诱监测技术。在云南、广西、四川、湖南、湖北等省份布置性诱监测效果试验，验证我国性诱剂不同成分、不同诱捕器类型和田间放置方式的诱集效果。明确了顺9-十四碳烯乙酸酯、顺11-十六碳烯乙酸酯、顺7-十二碳烯乙酸酯为我国草地贪夜蛾性诱主要成分，也基本明确3种成分的配比和诱芯含量。证明田间温度、湿度、光照条件影响性信息素释放，从而影响性诱诱芯持效期；证明桶形诱捕器、夜蛾类诱捕器具有较好效果。田间诱捕器放置位置对诱集效果有重要影响，诱捕器需依作物植株高度进行不同方式放置。目前已证明性诱使用方便，对低密度虫量更为敏感，但有待进一步提高专一性、持效性。

对自动计数性诱设备进行的试验结果表明，与常规诱捕器比，存在诱集虫量少、计数准确度等方面不足，需要在设备放置位置、诱捕器高度、进虫口类型等方面进行改进。

（4）规范灯诱监测技术。在全国各区域安排试验，测定高空测报灯和常规测报灯的应用效果。明确了高空测报灯光源性质、灯具结构和监测范围，即为金属卤化物灯，波长为500～600纳米，灯泡为功率1 000W，光柱垂直打向空中，呈倒圆锥状辐射，与地面水平线呈45°（±5°）夹角，垂直高度不小于500米，顶端半径不小于450米，空中光柱636米高顶端半径450米可覆盖950亩面积。试验证明草地贪夜蛾对此长波灯具有较高的趋性，且诱集雄蛾数量是雌蛾的2.1倍，该灯具是区域性种群动态监测的适合工具。同时验证了常规测报灯（黑光灯）对草地贪夜蛾有诱集效果，该灯具见虫后预示着当地有一定的种群数量。

（5）建立发生期和发生程度预测技术体系。制定了期距法、有效积温法和卵巢发育分级预测法的发生期预报方法。其中，期距法是依据当地成虫的始盛期、高峰期，按此季节温度相关虫态发育历期，推算卵、幼虫发生为害的始盛期、高峰期，做出幼虫发生期预测。有效积温法即依据成虫、卵、幼虫和蛹的发育起点温度、有效积温，利用有效积温公式，计算各虫态发生历期，做出发生期预测。卵巢发育分级预测法，即依据草地贪夜蛾雌蛾卵巢发育级别，预测成虫产卵期和幼虫发生期。预测方法的制定，可实现发生期准确预测，指导进行适期防治具有重要指导作用。

制定了有效基数预测法和综合预测法进行发生程度预报，有效基数预测法是依据当代有效虫口基数、繁殖能力、存活率来预测下一代的发生量。综合预测法是依据当地成虫诱测和卵调查数量，结合玉米等主要寄主作物生育期、种植分布和天气情况，作出幼虫发生区域、发生面积和发生程度预报。发生程度预测技术的制定，可提高发生的预见性，对组织防控工作具有指导意义。

（6）构建信息传输和分析处理技术体系。在摸清我国草地贪夜蛾发生基本规律的基础上，提出了我国周年繁殖区、迁飞过渡区和重点防范区虫情信息报送内容和报送时间，并实现了虫情发生图形化，为及时掌握虫情发生发展动态、及时做出预报和部署防控工作提供重要信息支撑。

2.技术成果

（1）明确了草地贪夜蛾的基本发生规律。对2018年年底新入侵我国的跨境迁飞性害虫草地贪夜蛾，通过2年的大范围田间调查、逐日系统监测和轨迹模拟分析，勘定了其冬繁区和越冬区，明确了其生态区划和迁飞路径，相关成果形成3篇研究论文，分别是《2019年草地贪夜蛾灯诱监测应用效果》《我国草地贪夜蛾迁飞路径及其发生区划》《我国草地贪夜蛾冬繁区和越冬区调查》，为我国草地贪夜蛾的科学监控提供了理论基础。

（2）性诱灯诱等监测工具解决了生产急需。性诱和灯诱技术的研究和熟化，为生产上广泛开展草地贪夜蛾监测提供有效工具，为早监测、早报告、早防控提供了重要手段。截至2020年10月底，全国27个见虫省份中22个首见成虫，占比81%，比上年提高了58个百分点（2019年的26个见虫省仅6个省首见成虫，占23%）；1 420个见虫县（市、区）中，首见成虫县（市、区）为824个，占比为59%。性诱和灯诱工具效果的提高，也成为全国草地贪夜蛾"三区四带"布防的重要设施。

（3）虫情分析报告支撑了防控决策。2020年做出全年、冬季、早春、下半年和秋玉米草地贪夜蛾发生动态和趋势预报6期，其中，2020年全年发生预报被用于《农业农村部关于草地贪夜蛾防控工作的报告》（农报〔2020〕20号）报国务院，其他关键时期的预报也为相关部门防控行动部署提供了重要参考。

（4）测报技术标准提升了监测水平。起草了《草地贪夜蛾测报技术规范》，包含草地贪夜蛾发生程度分级指标、成虫诱测、系统调查、大田普查、预测方法以及数据收集和传输等内容，经在全国试行和征求意见，已于2020年12月通过专家审定，形成报批稿。《草地贪夜蛾测报技术规范》的制定和实施，将进一步规范全国测报体系的田间调查方法和监测预报水平，进一步提高草地贪夜蛾监测预警能力。

第三章

农作物病虫害防治

2020年，农业农村部认真贯彻落实中共中央、国务院的部署和要求，把重大病虫害防控作为大事要事来抓，落实农业生产救灾病虫防控资金16亿元，其中沙漠蝗、黄脊竹蝗防控经费1 912万元，通过完善防控方案，精准指导防治，有力、有序、有效组织重大病虫害防控行动，实现了"虫口夺粮"保丰收目标，为稳粮保供和促进农业绿色发展做出重要贡献。

▌ 一、粮油作物病虫害防治

（一）水稻病虫害

1.防控行动

农业农村部组织实施稳粮保供"春耕春管及夏粮生产""战'三夏'及秋粮生产""秋冬种及冬季农业开发"三大农技行动，及时印发《2020年水稻重大病虫害防控技术方案》，指导各地开展水稻重大病虫害防控。4月，农业农村部召开"全国农作物重大病虫害防控工作推进落实视频会议"，部署重大病虫害防控工作，提出坚决打赢"虫口夺粮"攻坚战，为夺取夏粮和全年粮食丰收赢得了主动；8月，在湖南长沙组织召开"全国秋粮作物重大病虫害防控现场会"，部署水稻等重大病虫防控工作，保障秋粮生产安全。

2.技术进展

（1）扩大绿色防控技术应用面积。各地植保技术部门继续推进水稻病虫害绿色防控技术的应用，全国水稻病虫害绿色防控技术覆盖率达46.11%，生态工程、抗性品种、健身栽培、耕沤灭蛹、合理水肥管理等生态调控和农业防治措施，昆虫性信息素群集诱杀、释放稻螟赤眼蜂、微生物杀虫剂和杀菌剂使用、防虫网秧田覆盖等生物和物理防治措施应用面积不断扩大。据统计，全国在水稻上应用昆虫性信息素防螟虫、释放赤眼蜂防螟虫和稻纵卷叶螟面积分别达到1 198万亩次、535万亩次，微生物杀虫剂和杀菌剂应用面积达到2.48亿亩次。

（2）开展绿色防控技术试验示范。在吉林昌邑、广东南雄、江苏吴江建立3个水稻病虫害绿色防控示范区，分别开展北方稻区主要病害种子处理和穗期预防、南方稻区双季稻病虫害全程绿色防控、利用光谱遥感技术变量施药控制病虫害技术开发和集成。结合实施国家重点研发计划"长江中下游水稻化肥农药减施增效技术集成研究与示范"项目，在上海金山、安徽宁国、江苏如东、湖北当阳、江西崇仁开展了以药肥减施增效为目标的大面积示范。开展了24.1%肟菌·异噻胺种子处理悬浮剂防治稻瘟病，22.4%氟唑菌苯胺种子处理悬浮剂防治恶苗病、立枯病、纹枯病等病害，80亿孢子/毫升金龟子绿僵菌CQMa421可分散油悬浮剂防治稻飞虱、稻纵卷叶螟、二化螟等害虫，1%蛇床子素水剂防治立枯病，昆虫性信息素智能缓释迷向法防治二化螟、三化螟、大螟、稻纵卷叶螟等害虫田间效果和应用技术试验，为进一步示范推广提供科学依据。

（3）制定绿色防控技术标准。组织制定的农业行业标准《释放赤眼蜂防治害虫技术规程　第1部分：水稻田》（NY/T 3542.1—2020）于2020年3月20日发布，2020年7月1日实施；

《昆虫性信息素防治技术规程 水稻鳞翅目害虫》(NY/T 3686—2020)于2020年8月26日发布，2021年1月1日实施。

(4)举办绿色防控技术培训班。全国农业技术推广服务中心于2020年10月13日在广东惠州举办了"昆虫信息素智能缓释防治农作物害虫技术培训班"，于2020年12月17—18日在甘肃敦煌举办了"棉花水稻病虫害全程绿色控害和棉田硫丹替代技术培训班"，大力推进昆虫信息素智能缓释交配干扰和群集诱杀技术、水稻全程绿色防控技术的开发和应用。

3. 防控成效

2020年，针对稻飞虱、稻纵卷叶螟、二化螟、纹枯病、稻瘟病、稻曲病等发生范围广、程度重、危害损失大的主要病虫害，白叶枯病、细菌性条斑病、细菌性基腐病、恶苗病、立枯病、穗腐病、穗枯病、南方水稻黑条矮缩病等次要病虫害，以及跗线螨、根结线虫、稻瘿蚊、稻秆潜蝇等局部发生病虫，围绕保障粮食安全、质量兴农和绿色发展、农药减量总体目标，各地农业植保技术部门狠抓防治任务落实，开发和示范绿色防控新技术，不断提升水稻病虫害防治技术水平，持续推进水稻病虫害的可持续治理。水稻病虫害得到有效控制，全国水稻病、虫、草害防治面积25.28亿亩次，挽回稻谷损失5 525万吨，占全国水稻总产量的26.08%。

(二)小麦病虫害

1. 防控行动

中共中央、国务院高度重视小麦病虫害防治工作，2020年4月，习近平总书记在陕西考察时，专门指示要加强小麦条锈病的防治，李克强总理在国务院常务会审议通过《农作物病虫害防治条例》时，对做好2020年病虫害防控作出部署，韩正副总理、胡春华副总理多次作出批示，对做好小麦病虫害防控工作提出明确要求。农业农村部和各省份为贯彻落实中央领导指示批示精神，全面动员部署、层层压实责任，先后召开全国春季农业生产视频会议部署春耕春管、春季农业生产工作，调度农业生产，推进防治工作落实。先后印发《小麦重大病虫防控技术方案》《小麦赤霉病防控指导意见》等，组织开展小麦条锈病、赤霉病防控技术培训，引导广大农民科学防治。同时，创新运用线上指导、线下服务的工作方式，综合运用QQ群、微信群、农技云、专家热线等渠道，制作可视化视频，进行网络云培训、田间分散培训、技术指导等，为种植户和植保社会化服务组织提供高效便捷的技术服务。

2. 技术进展

（1）创新防控模式。坚持因地制宜、分区治理、分类指导，强化绿色防控与化学防治、应急处置与持续治理、专业化统防统治与群防群治相结合的防控模式，抓住重点地区、重大病虫害、关键时期，实施科学防控，实现农药减量控害，确保小麦产量和品质安全。创新小麦条锈病有性、无性世代联合治理模式，推广抗病品种和药剂拌种，加强秋苗早春监测，实行"打点保面"防控策略。集成小麦赤霉病全生育期综合防治技术模式，关口前移、防治结合，用高效农药替换老旧药剂，组织统防统治。

（2）加强技术推广。针对小麦新发、重发病虫，积极开展防控新技术、新方案的示范推广。在黄淮小麦主产区，应用小麦—油菜、小麦—蛇床草等生态控制技术，有效保护和利用自然天敌，控制蚜虫等主要害虫；在江淮、黄淮南部赤霉病常发区，积极开展替换药剂的筛选，2020年开展丙硫菌唑、氟唑菌羟酰胺等新药剂防治技术示范，加大了氰烯菌酯、丙唑·戊唑醇等高效药剂的推广应用，为小麦主要病虫防控提供技术支撑。

（3）开展技术研发。针对小麦茎基腐病、胞囊线虫病等重要病虫，在河南、山东、江苏、安徽、陕西、山西、湖北、四川等小麦产区建立全程绿色防控示范区，开展种子处理预防技术、生态控制和天敌保护利用技术、地下害虫理化诱控技术和高效低风险化学药剂及新型植保机械等新技术试验，全国试验点20多个；集成综合解决方案或全程防控技术模式3个，在3省份6县（市、区）开展集成示范展示，取得了良好的效果。

3.防控成效

2020年，全国小麦条锈病、赤霉病、纹枯病、白粉病、蚜虫、吸浆虫、麦蜘蛛、地下害虫等常发、重发病虫害，以及茎基腐病、胞囊线虫病、叶锈病、全蚀病、白眉野叶螟等新上升病虫害，在全国主产区重发或局部偏重发生。各地农业植保技术部门，开发和示范绿色防控新技术，组织开展统防统治，不断提升小麦病虫害防治技术水平，大力推进可持续治理，有效控制了条锈病、赤霉病、蚜虫等重大病虫发生危害。据统计数据，全国小麦病虫草害防治面积14.78亿亩次，其中，条锈病防治面积1.46亿亩次，赤霉病预防控制面积2.58亿亩次，蚜虫防治2.45亿亩次，麦田草害防治2.72亿亩次，挽回产量损失3 500万吨，占全国小麦总产的26.07%。同时，由于赤霉病得到及时有效防治，大幅提高了小麦质量。

（三）玉米病虫害

1.防控行动

2020年2月20日，农业农村部印发了《2020年全国草地贪夜蛾防控预案》，按照"早谋划、早预警、早准备、早防治"的要求，坚持预防为主、综合防治，全面监测、应急防治，统防统治、联防联控，主攻周年繁殖区，控制迁飞过渡区，保护玉米主产区，全力遏制草地贪夜蛾暴发成灾。2月下旬，组织制定《2020年玉米重大病虫害防控方案》《2020年草地贪夜蛾防控技术方案），4月28日，印发《关于落实草地贪夜蛾"三区三带"布防任务的通知》，采购580台高空灯、13.33万套性诱捕器，在17个省（自治区、直辖市）的205个重点县（市、区）落实草地贪夜蛾"三区三带"布防任务，牢牢掌握以草地贪夜蛾为重点的玉米病虫害防控主动权。各地大力推进统防统治和高效植保机械使用，加强统防统治与绿色防控融合。黑龙江省大量采用植保无人机航化作业防治玉米中后期病虫害。河南省充分发挥植保专业化服务组织和新型农业经营主体的作用，扩大统防统治面积，玉米重大病虫害实施统一防治面积2 085万亩次。农业农村部组织召开了"全国生物食诱剂应用技术培训班"，邀请中国工程院院士吴孔明等5位专家开展专题培训，并组织培训班观摩了无人机喷施生物食诱剂防控现场，培训普及了玉米病虫害防治新技术。

2.技术进展

（1）积极开展玉米重大病虫试验示范。针对草地贪夜蛾、玉米螟、黏虫、地下害虫、叶斑病、锈病等重要病虫，在我国东北和西南玉米产区建立玉米全程绿色防控示范区，采取种子处理、理化诱控、生物防治、天敌保护利用、高效低风险化学药剂及新型植保机械等方式，集成全程绿色防控技术模式。在玉米上开展9个技术产品、3个综合解决方案的试验，涉及12个省份的30个试验点，主要技术产品包括生物农药、高效化学药剂和昆虫性信息素。在生物农药与化学农药混合减量使用方面，在化学药剂减量30%～50%时，药后1、3、7天的校正防效为88.87%、91.56%和79.18%。药剂拌种对草地贪夜蛾的控制效果在15～20天。

（2）探索草地贪夜蛾分区治理技术模式。结合国家重点研发计划课题"草地贪夜蛾综合防控技术集成与示范"研究任务，制定印发了《2020年草地贪夜蛾综合防控技术集成示范方案》，通过7省份的实践，初步集成了"三区"技术模式。华南、西南周年繁殖区采用"一拌两喷"+天敌保护利用技术模式，江南江淮迁飞过渡区采用统一播期+人工释放天敌+性诱捕杀+药剂防治技术模式，黄淮海及北方重点防范区采用生态调控+药剂防治技术模式。经测产，示范区亩产比对照区高60～90千克，增产13%～22%。

3. 防控成效

据初步统计数据，2020年全国玉米病虫草害防控面积12.88亿亩次，其中玉米螟发生面积2.45亿亩次，防治面积2.15亿亩次；棉铃虫发生面积8 549万亩次，防治面积7 295万亩次；黏虫发生面积4 998万亩次，防治面积5 533万亩次；草地贪夜蛾发生面积1 999万亩次，防治面积3 152万亩次；玉米大斑病发生面积5 868万亩次，防治面积3 597万亩次；小斑病发生面积3 400万亩次，防治面积2 734万亩次；玉米田草害发生面积44 188万亩次，防治面积46 028万亩次。经全国各级农业植保部门组织有效防控，直接挽回玉米产量损失4 910万吨。

（四）马铃薯病虫害

1. 技术进展

（1）马铃薯晚疫病远程自动监控系统定点精准监测技术。在引进比利时马铃薯晚疫病预警模型的基础上，逐步完善形成的马铃薯晚疫病远程自动实时监控系统，预警预报准确率达97%，较经验预测提高近20个百分点，提升了马铃薯晚疫病预警的时效性和准确率，为科学防控奠定了基础。

（2）微型薯整薯种植及配套农业防治技术。种薯切块种植是传统的栽植技术，容易造成病毒病等多种病害的传播。微型薯整薯种植结合轮作倒茬、催芽晒种等农业防治技术，可有效减少马铃薯病害的发生，是一项非常高效的绿色防控技术。

（3）理化诱控害虫技术。这一技术采用可降解黄板、多功能诱捕等诱杀蚜虫、地下害虫等马铃薯主要害虫。在有翅蚜发生盛期，田间设置可降解黄板诱杀有翅蚜虫，同时设置多功能害虫诱捕器诱杀小地老虎、金龟子等鳞翅目成虫。

（4）植物微生态制剂配合化学药剂防治种传、土传病害技术。应用以枯草芽孢杆菌为主的植物微生态制剂，抗重茬防种传、土传病害，防效高、绿色、经济。据调查数据，该技术可促进马铃薯健康生长，植株病害减轻，对重茬马铃薯粉痂病等的防效可达43.6%，亩增产16.2%。

（5）种薯播种药剂处理技术。选用化学药剂拌种，对防治种传、土传病害和地下害虫、蚜虫有事半功倍的防治效果。选用甲霜灵、甲基托布津、嘧菌酯等防治马铃薯晚疫病，选用辛硫磷等药剂进行种薯处理防治地下害虫都取得理想的防治效果。

2.防控成效

2020年，全国马铃薯产区高度重视马铃薯重大病虫害防控工作，及时开展监测预警、组织防控行动，取得显著成效。据统计数据，2020年全国马铃薯病虫害防治面积1亿多亩次，各地经防治挽回损失166.2万吨，其中，晚疫病防治挽回损失91.2万吨，占总挽回损失的55.1%。各地大力开展减药增效，据河北省相关示范区的调查数据，示范区较对照区减少施药3次，因减少用药量和人工费用亩节省成本87元，核心示范区农药减量37.5%，示范区马铃薯病虫害总体防控效果95%以上。示范区建设的社会效益和生态效益也十分明显：一是提升了马铃薯晚疫病监控预警水平，预报准确率明显提高，减少了盲目用药和滥用药现象。二是丰富了马铃薯病虫害防治技术和手段，减药控害增效显著，提升了防控技术水平。三是通过技术培训、观摩，提升了种植户的绿色防控技术水平。四是示范区绿色防控示范带动作用明显。

（五）大豆病虫害

1.技术进展

（1）大豆食心虫、豆荚螟等钻蛀性害虫综合防控技术。在大豆食心虫越冬代羽化前利用性诱剂诱杀，按照每亩1个的标准来放置，诱捕器底端距地面0.8～1.0米或略微低于大豆冠层10厘米左右，大面积连片应用效果更好。利用害虫趋光性，在田间按照30～50亩/盏设置杀虫灯，诱杀成虫干扰交配。在大豆盛花结荚期，成虫羽化高峰期前2～3天，利用食诱剂盘式诱杀（每亩3个诱捕盒）或条带滴洒诱杀（条带间距50米）。在成虫产量盛期，根据性诱剂田间调查结果，确定放蜂时间，释放赤眼蜂灭卵，每亩3点释放1万～1.5万头，间隔5～7天释放第二次，放蜂量总计2万～3万头。利用白僵菌混拌细土或草木灰，在幼虫临近脱荚前，均匀撒在豆田垄台上，防治脱荚落幼虫。采用土壤消毒处理，及时消灭土中的蛹。

（2）斜纹夜蛾、棉铃虫、豆卷叶螟等食叶害虫综合防控技术。农业防治：清除田间地头杂草，减少越冬虫源；理化诱控：利用灯光诱杀、食诱剂诱杀（方法同上）等防治成虫；药剂防治：在害虫产卵高峰期，喷施核型多角体病毒、高效氯氰菊酯等药剂防治初孵幼虫。

2.防控成效

2020年，全国大豆主产区各级农业植保部门强化服务、抢前抓早、落实措施，分阶段重点开展大豆病虫害防治，及时有效控制了病虫害发生。据统计数据，2020年全国大豆病虫害防治面积10 695万亩次，经防治挽回产量损失55万吨，其中针对大豆食心虫、地下害虫、蚜虫3个种类的防治合计挽回损失21万吨，占虫害防治挽回损失的57%。据调度情况，黑龙江、吉林等省积极持续开展绿色防控技术试验示范，主要针对播种期和大豆重要生育期，结合健身栽培、优选抗病虫品种、生物防治、理化诱杀、高效低风险化学药剂等手段，示范区病虫害防控效果达到80％以上。黑龙江大豆示范区测算，年减少化学农药用量20％～30％，提高农药利用率3％～5％，土壤流入量降低15％；每亩增产大豆34.96千克，每亩增收143.33元，除去每亩防治成本60元，每亩实现纯增收83.33元，投入产出比为1∶2.3。

（六）花生病虫害

1.技术进展

（1）生物食诱剂防控棉铃虫等夜蛾科害虫防治技术。根据性诱监测结果，在棉铃虫羽化高峰期前2～3天施药，施药时间一般为下午4点以后，一般情况一代使用1次，严重发生一代使用2次，中间间隔7～10天。

施用方法：条带滴洒法，将配好的药剂以条带滴洒方式洒施到作物叶片上，洒施的条带间距50米；每条带施药量为混合均匀药液600毫升，施药条带长度30米，均匀滴洒到作物顶端叶片。诱捕盒法，取混合均匀的棉铃虫食诱利它素，倒在方型诱捕盒底部塑料垫片上，每个诱捕盒加注药液60～70毫升。每亩地均匀悬挂3个诱捕盒，花生地诱捕盒挂置高度为距地1米。每14天添加1次，如遇雨水冲刷，随后及时补施。

（2）地下害虫绿色防控技术。种子处理：利用辛硫磷（或毒死蜱）微胶囊悬浮剂种衣剂包衣。药剂防治：在花生下针期，利用绿僵菌、白僵菌、苏云金杆菌、昆虫病原线虫、核型多角体病毒等生物农药防治地下害虫幼虫，可使用撒毒土、灌根等方式。灯光诱杀：利用地下害虫成虫的趋光性，在田间按照30～50亩/盏的标准来设置杀虫灯，在成虫高发期开灯诱杀成虫，开灯时间一般为19—22时，或利用食诱剂（方法同上）诱杀成虫。

2.防控成效

2020年，全国花生主产区准确监测，突出重点，积极开展综合治理，加大绿色防控新技术推广力度，大力推进植保专业化防治，成效显著。据统计数据，2020年全国花生病虫害防治面积15 962万亩次，经防治挽回产量损失132万吨。

▍ 二、经济作物病虫害防治

（一）棉花病虫害

1.技术进展

（1）开展绿色防控技术示范。全国农业技术推广服务中心在河北邱县建立了棉花病虫害绿色防控示范区，开展以生态调控、性诱剂诱杀、生物农药为主要技术的试验示范。在国家重点研发计划"棉花化肥农药减施技术集成研究与示范"项目支持下，新疆、河北、江西等棉区开展了绿色防控和农药减施技术开发和示范。

（2）推广硫丹替代技术。全国农业技术推广服务中心在全球环境基金"中国硫丹淘汰项目"支持下，对新疆、河北、山东、安徽、江西和湖南6个省份的61个县（市、区）棉田的156个土壤样本调查检测分析 α - 硫丹、 β - 硫丹和硫丹硫酸盐残留量，评估我国棉区硫丹残留水平和履行《斯德哥尔摩公约》的成效。同时，根据项目任务计划，组织编写了《棉田硫丹替代技术与病虫害绿色防控技术模式》培训手册。2020年10月29日，在江西彭泽县举办了硫丹替代技术棉农培训班；12月18日，在甘肃敦煌举办了农技人员培训班。开发了棉农和农技人员硫丹禁用政策和替代技术相关知识态度行为调查问卷，并对受训的棉农、农技人员和非受训棉农、农技人员进行了问卷调查。

（3）开展新技术试验。组织有关省（区、市）、县（市、区）植保站开展了0.3%印楝素乳油防治棉蚜和棉叶螨、80亿孢子/毫升金龟子绿僵菌CQMa421可分散油悬浮剂防治棉蓟马、200亿CFU/g多粘类芽孢杆菌KN-03种子处理可分散粉剂等微生物菌剂防治黄萎病田间效果试验，为进一步示范推广提供科学依据。

2.防控成效

2020年，全国棉花病虫害发生面积9 699万亩次，比上年减少593万亩次，其中虫害和病害分别发生8 067万亩次、1 632万亩次，分别比2019年减少870万亩次和83万亩次，因病虫危害皮棉实际损失13万吨，比2019年减少5万吨。发生范围广、面积大的病虫害主要有棉蚜、棉铃虫、棉叶螨、棉盲蝽、棉蓟马、黄萎病、枯萎病等，次要病虫害烟粉虱、地下害虫、红叶茎枯病、甜菜夜蛾、斜纹夜蛾在局部棉区发生。2020年，全国棉花病虫害防治面积1.18亿亩次，比上年减少315万亩次，其中防虫1.02亿亩次，防病1 593万亩次，绿色防控覆盖率37.52%，挽回皮棉损失60.8万吨，取得了良好防治成效。

（二）蔬菜病虫害

1.技术进展

构建"以健康栽培为基础，以生态调控、免疫诱抗、理化诱控、生物防治为主体，化学药剂防治为辅助"的全程绿色防控技术体系。

（1）强化农业防治措施应用。采取合理轮作，选择抗耐病品种等，重视土壤消毒，发挥地膜覆盖的生态调控作用；蔬菜采收后，及时清理残茬，减少虫源；夏季深翻耕后高温闷棚；瓜类嫁接育苗防治枯萎病、茄科蔬菜嫁接育苗防治茄子黄萎病、茄果类青枯病及果菜类根结线虫等。十字花科蔬菜根肿病采用以土壤调理为主的农业生态调控技术为基础，种子包衣、带药移栽等关口前移措施为关键，对根肿病的防效达75%以上。

（2）推广以虫（螨）治虫（螨）、以菌治病（虫）技术。采用异色瓢虫防治蚜虫、东亚小花蝽防控蓟马、烟盲蝽和丽蚜小蜂防治粉虱、捕食螨防治叶螨等；采用蜡质芽孢杆菌、寡雄腐霉菌、枯草芽孢杆菌、木霉菌、多粘类芽孢杆菌等微生物菌剂对种苗和土壤进行处理防治根结线虫病、根腐病等土传病害；采用枯草芽孢杆菌防治霜霉病、白粉病等；采用苏云金杆菌、小菜蛾颗粒体病毒、球孢白僵菌、短稳杆菌防治小菜蛾；斜纹夜蛾核型多角体病毒和短稳杆菌防治斜纹夜蛾；苏云金杆菌、金龟子绿僵菌、甜菜夜蛾核型多角体病毒和苜蓿银纹夜蛾核型多角体病毒防治甜菜夜蛾；球孢白僵菌防治韭蛆、烟粉虱等。

（3）推广蜜（熊）蜂授粉。针对设施果蔬人工化学激素授粉存在的大量人工耗费、化学激素使用等问题，在番茄上推广熊蜂授粉技术、在草莓和西甜瓜上推广蜜蜂授粉技术。一方面可以替代传统化学激素的应用，同时大大降低了人工授粉的投入；另一方面由于蜜（熊）蜂对化学药剂十分敏感，还可以作为设施产品投入品安全的一个指示物种，促使农民使用低毒、低残留、分解快的植保产品，每茬作物可以减少化学农药使用1～3次。

（4）集成采用理化诱控措施。对危害韭菜、葱、姜、蒜的韭蛆和种蝇等根蛆害虫，集成配套理化诱控技术。在采用黑板、食诱剂进行早期预警的基础上，推广"日晒高温覆膜"物理防控韭蛆新技术，完全替代化学药剂使用，同时，集成了60～80目防虫网隔离、黑板诱杀、食诱剂诱杀、臭氧水膜下施用，以及高效安全药剂施用等绿色防控新技术。

（5）诱导免疫。在蔬菜苗期、开花初期、生长后期，选用氨基寡糖素等植物诱抗剂叶面喷雾，激发蔬菜自身抗病抗逆性，促进生长，提高产量和品质。

（6）科学用药。优先选用生物药剂。采用植物源农药苦参碱防治蚜虫、菜青虫和小菜蛾，苦皮藤素防治菜青虫、甜菜夜蛾和斜纹夜蛾，印楝素防治菜青虫、小菜蛾和斜纹夜蛾，除虫菊素防治蚜虫；采用春雷霉素、中生菌素防治细菌性角斑病等病害，采用多抗霉素防治早疫病、晚疫病、霜霉病、白粉病、枯萎病等病害；采用氨基寡糖素、宁南霉素等药剂防治病毒病。

2.防控成效

不完全统计数据显示，2020年全国蔬菜病虫害发生面积44 864.02万亩次。总体发生虫害重于病害，病害发生面积15 035.11万亩次，虫害发生面积29 828.91万亩次。露地蔬菜发生的主要病虫害包括：病害以白菜霜霉病、软腐病、番茄晚疫病、早疫病、灰霉病，辣椒疫病、炭疽病、病毒病，瓜类霜霉病、白粉病、炭疽病、枯萎病，十字花科蔬菜根肿病等为主；虫害以菜蚜、菜青虫、小菜蛾、黄曲条跳甲、斜纹夜蛾、甜菜夜蛾、蔬菜潜叶蝇类、粉虱（烟粉虱、白粉虱）、棉铃虫、蓟马、叶螨、蛴螬、瓜类实蝇、作物根蛆等为主。设施蔬菜发生的主要病虫害包括：病害以番茄灰霉病、病毒病、根腐病、茎基腐病、根结线虫、黄瓜靶斑病、褐斑病、细菌性角斑病、霜霉病，辣椒灰霉病、软腐病、疫病等为主；虫害以粉虱（烟粉虱、白粉虱）、蚜虫、叶螨类、蓟马等为主。2020年蔬菜病虫害防治面积62 628.01万亩次，挽回产量损失3 881.15万吨，实际产量损失695.29吨。

（1）绿色防控减量控害效果明显。设施蔬菜推广应用天敌昆虫控害技术，总体防治效果在60%以上，尤其是丽蚜小蜂防控番茄、甜椒烟粉虱防治效果显著优于单纯化学防治，防效达90%～100%，病毒病发病率比化学防治减少28.41%，作物整个生育期可减少化学农药用量6～8次，平均减少化学农药使用量40%以上。蜜（熊）蜂授粉技术在设施草莓、西瓜和番茄上的应用，替代了2，4-D等化学激素使用，降低了番茄灰霉病的发生，每茬可减少农药使用1～3次，减少人工授粉时间3～20天。设施果蔬产量和品质显著提升，畸形果率下降60%～80%，产量提升5%～20%。推广"日晒高温覆膜"物理防控韭蛆新技术，在完全不用药剂情况下达到防效100%。这些技术的推广应用对农药减量以及保障蔬菜增产提质发挥了重要作用。

（2）绿色防控技术应用不断扩大。全国蔬菜绿色防控面积达到16 455.3万亩次，平均覆盖率达到39.62%。生物防治的技术内容不断丰富，其中天敌昆虫应用面积达到194.6万亩次，微生物菌剂应用7 819.9万亩次，农用抗生素应用3 139.0万亩次，植物源农药应用1 916.6万亩次，免疫诱抗剂应用454.4万亩次，昆虫性信息素应用100.8万亩次。

（3）生态和社会效益显著。各地大力推进蔬菜绿色防控示范县或示范区建设，自2019年以来，先后有30余个蔬菜主产县（市、区）被评为全国农作物病虫害"绿色防控示范创建县"；加大培训力度，着重培训基层植保、农技人员以及新型农业经营主体；积极拓展宣传途径，推动蔬菜病虫害绿色防控技术示范推广应用；以改善生态环境和提高农产品品质为目标，减少化学农药使用，增加生物多样性，提高自然控害能力，示范区内食蚜蝇、寄生蜂、瓢虫等天敌数量明显增加，蝇、蚊等中性昆虫数量也很大。大力推进绿色防控对进一步保障蔬菜品质安全、生产安全、生态安全，促进现代农业可持续发展，提高生态文明程度，真正实现农业增产、农民增收、农村富裕发挥了不可替代的作用。

（三）苹果病虫害

1.技术进展

坚持"分区治理、综合防治、绿色高效"的防控策略，构建"以病虫监测为基础，以健康栽培、生态调控、免疫诱抗、理化诱控、生物防治为主体，化学药剂防治为辅助"的全程绿色防控技术体系。

（1）病虫监测。采用针对金纹细蛾、桃小食心虫、梨小食心虫、苹果小卷叶蛾等4种害虫性诱芯监测害虫始发期和高峰期，确定防治最佳时机；采用黄板监测诱集绿盲蝽、苹果黄蚜，用绿板监测诱集蛀干害虫。

（2）健康栽培。一是通过果树修剪，改善果园通风透光条件，提升果树树势。二是清理果园，把果园病虫枝彻底清除并带出园外处置，从源头上破坏病菌害虫的越冬场所。三是结合秋季果园施肥深翻土壤，消杀藏匿在表层土壤中准备越冬的病虫源等。四是抓住冬季剪枝后和早春萌芽前两个关键时期，采用3～5波美度石硫合剂进行封园和早期预防。

（3）生态调控。在果园行间种植三叶草、毛叶苕子等豆科植物或保留低矮、浅根性自然杂草，培植果园生态环境，以发挥自然天敌控害作用，同时起到控温保湿的生态调节作用。

（4）诱导免疫。在苹果树开花前、幼果期、果实膨大初期，选用氨基寡糖素等植物诱抗剂叶面喷雾一次，激发树体自身抗病抗逆性，促进生长，提高产量和品质。

（5）理化诱控。针对金纹细蛾、苹果小卷叶蛾等鳞翅目害虫，以性信息素诱杀为主；根据金龟子等鞘翅目害虫，配套杀虫灯、糖醋液等物理诱杀措施，科学合理使用杀虫灯，于果树开花前果园外围安装杀虫灯，害虫食叶食花高峰期傍晚开灯诱杀。

（6）生物防治。防治苹果害螨，于5月下旬至6月初，提前半个月使用印楝素等植物源杀虫杀螨剂进行清园，于越冬代叶螨雌成螨尚处于树体内膛活动时，人工释放捕食螨，在早期基本控制苹果害螨的发生，在捕食螨投放区注意保护利用捕食螨的持续控制作用，达到全年不使用化学杀螨剂的效果；防治桃小食心虫，选用"地上和地下结合"的防控策略，利用高压机动喷雾器施用昆虫病原线虫于树下土壤，田间诱蛾数量减少50%左右，虫果率减少25%，防治效果达83%左右，成为苹果实现免套袋的核心技术。树上防治可在一代桃小食心虫产卵高峰期前采用金龟子绿僵菌、苏云金杆菌均匀全株叶面喷雾处理；防治苹果炭疽病、轮纹病、白粉病，选用枯草芽孢杆菌于发病前开始用药，连续使用2～3次；防治苹果腐烂病，采取"改刮治为预防"的防控策略，利用寡雄腐霉菌"杀菌、修护、保护"的三位一体功效，分别在6月、7月、8月、9月对树体进行喷施或涂刷树干，大大降低了腐烂病菌的侵染与为害，提高了防治效果。

（7）科学合理用药。在准确做好病虫情监测的基础上，抓住果树花芽露红期、落花后、套袋前、幼果期、果实膨大期、采果后休眠期等关键生育期，对症选择高效药剂，最大程度减少化学农药使用。防治病害药剂可选择多抗霉素、申嗪霉素、中生菌素、春雷霉素、嘧啶核苷类抗菌素、代森锰锌、丙森锌、戊唑醇、苯醚甲环唑；防治害虫药剂可选择矿物油、灭幼脲、阿维菌素、苦参碱、甲氨基阿维菌素苯甲酸盐、哒螨灵等。

2.防控成效

2020年全国苹果病虫害发生面积11 709.61万亩次。总体病害发生略重于虫害，病害发生6 272.10万亩次，虫害发生5 501.71万亩次。发生的主要病虫害包括：病害以苹果腐烂病、轮纹病、褐斑病、斑点落叶病、白粉病、炭疽病等为主；虫害以蚜虫、叶螨、金纹细蛾、桃小食心虫、苹果小卷叶蛾、梨小食心虫、金龟子、绿盲蝽等为主。新上升危害的病虫害：橘小实蝇在云南等西南苹果产区发生比较严重，炭疽叶枯病在嘎啦、金冠等感病品种上发生严重，霉心病在元帅、富士等感病品种及套袋果上发生比较严重。2020年全年苹果病虫害防治面积17 287.15万亩次，挽回产量损失526.01万吨，实际产量损失85.43万吨。

（1）绿色防控技术应用得到提升和普及。全国农业技术推广服务中心组织苹果主产区集成应用植物免疫诱抗技术、梨小迷向技术、食诱技术、果园生草技术、以螨治螨技术等绿色防控技术。在各项绿色防控措施中，生物防治面积2 657.5万亩次，物理防控面积1 277.0万亩次，生态调控面积763.4万亩次。植物免疫诱抗技术的抗逆、抗病、提质、增效、减药效果显著，减少农药使用30%左右，提高产量15%以上，应用面积达100万亩次；梨小食心虫性迷向等技术防治效果达到85%以上，应用面积达到228万亩次；果园生草等生态调控技术应用面积达到763万亩次。

（2）主要病虫害和新发、重发病虫害得到有效控制。苹果腐烂病、轮纹病、褐斑病、斑点落叶病、蚜虫、叶螨、金纹细蛾等主要病虫害得到有效控制，防治效果85%～92%。针对近年来苹果腐烂病等北方果树枝干病害发生重，橘小实蝇在苹果、梨等果树上扩展危害的情况，全国农业技术推广服务中心开展相关技术集成和示范，制定病虫防控技术方案，示范区腐烂病病株率由50%～60%降低到7%以下、示范区的橘小实蝇虫果率由30%～40%降低到3%。

（3）苹果提质增效效果明显。全国农业技术推广服务中心通过在苹果主产区建立一批绿色防控示范基地，构建"一主多元"的技术推广服务模式，充分发挥专家、政府、企业和经营主体的作用，充分利用信息化服务的农技推广模式，加速了绿色防控技术推广速度。全年减少农药使用2～4次，化学农药使用量减少25%～31%，产量增加5%左右，商品果率提高20%左右，果园生态环境得到改善，带动苹果产区绿色生产水平逐步提升。自2019年先后有20余个苹果主产县被评为全国农作物病虫害"绿色防控示范县"。

（四）柑橘病虫害

1.技术进展

坚持"分区治理、综合防治、绿色高效"的防控策略，构建"以健康栽培为基础，以生态调控、免疫诱抗、理化诱控、生物防治为主体，化学药剂防治为辅助"的全程绿色防控技术体系。

（1）压低病虫源基数。在冬季适时剪除病虫枝，清除枯枝落叶，铲除果园内及周边的杂草集中处理，减少病虫基数。主干和大枝涂白，减小树干的昼夜温差，减轻冻害。结合冬季果园管理措施，喷施石硫合剂、矿物油等药剂进行清园。

（2）生态调控。于春季（3月下旬至4月）或秋季（8月中旬至9月中旬）在柑橘园行间种植适应性强、生草量大、矮生、浅根性植物，如印度豇豆、藿香蓟、紫云英、三叶草、黑麦草等，实施以草治草，控制果园恶性杂草，果园周边种植蜜源植物，构建良好的自然生态环境。

（3）理化诱控。防治柑橘大实蝇：重点推广在羽化始盛期、成虫回园始期，使用实蝇食诱剂、诱蝇球诱杀成虫，每2～3天捡拾园中落果1次，集中收集以及使用专用虫果处理袋密封闷杀的绿色防控配套技术。防治橘小实蝇：在云南曲靖市马龙区、广西灌阳县开展了以性诱监测为基础、果瑞特实蝇诱剂等新型食物诱剂诱杀为主的橘小实蝇绿色防控试验示范。防控柑橘潜叶蛾：推广在成虫羽化始期，果园放置性信息素迷向丝或诱捕器，干扰交配，压低成虫数量。防治吸果夜蛾、金龟子等害虫：推广杀虫灯诱杀成虫、减少成虫产卵、降低田间虫口数量的技术。

（4）生物防治。以螨治螨：主要在春、秋两季，根据害螨监测的情况，清园后，当每叶害螨平均低于2头即可释放释放胡瓜钝绥螨、巴氏钝绥螨等捕食螨防治柑橘害螨。以菌治虫：在害虫发生初期使用金龟子绿僵菌防治柑橘木虱、蚜虫，苏云金杆菌防治柑橘凤蝶幼虫；充分保护利用山地柑橘园中普遍分布的粉虱座壳孢菌、扁座壳孢菌等有益菌控制柑橘粉虱。

（5）早期预防和免疫诱导。防治柑橘炭疽病、树脂病等病害，除选用抗病品种、平衡施肥、合理修剪外，还在病害发生初期喷洒波尔多液、氨基寡糖素免疫诱抗剂等药剂进行预防和诱导树体的抗病性。

（6）提倡科学合理用药。优先选用生物农药和矿物源农药。害虫选用阿维菌素、矿物油、印楝素、苦参碱、啶虫脒、螺虫乙酯、哒螨灵、噻嗪酮、烯啶虫胺、虱螨脲等；病害选用春雷霉素、噻菌铜、代森锰锌、苯醚甲环唑、噻唑锌、氢氧化铜、松脂酸铜、咪鲜胺、吡唑醚菌酯等。

2.防控成效

全年柑橘病虫害发生面积18 077.85万亩次。总体虫害发生重于病害，病害发生面积4 406.96万亩次，虫害发生面积13 688.02万亩次。发生的主要病虫害包括：柑橘疮痂病、炭疽病、树脂病（砂皮病）、柑橘叶螨、介壳虫、粉虱、柑橘木虱、蚜虫、橘潜叶蛾、橘小实蝇、橘大实蝇、吸果夜蛾、潜叶甲、橘花蕾蛆、天牛等。全年柑橘病虫害防治面积26 976.60万亩次，挽回产量损失658.75万吨，实际产量损失83.66万吨。

（1）绿色防控技术应用得到普及。各项绿色防控技术集成与示范力度不断加强，应用规模不断扩大。在绿色防控措施中，生物防治面积6 383.7万亩次，物理防控面积2 675.2万亩次，生态调控面积1 383.6万亩次。2020年氨基寡糖素等应用面积达384.2万亩次；性诱剂应用面积达到384.2万亩次；食物诱杀应用面积达到323.1万亩次；柑橘果园生草等生态调控技术应用面积达到1 383.6万亩次。

（2）主要病虫害得到有效控制。集成应用植物免疫诱抗技术、柑橘潜叶蛾迷向技术、食诱技术、果园生草技术、以螨治螨技术等绿色防控技术，性诱剂防治柑橘潜叶蛾等技术防治效果达到85%以上，食物诱杀技术防治实蝇类害虫效果达90%以上，柑橘溃疡病、疮痂病、树脂病、粉虱、叶螨、介壳虫、柑橘潜叶蛾等主要病虫害得到有效控制，主要病虫害防效85%～92%。

（3）生态和社会效益明显。各地建设柑橘类绿色防控示范县或示范区，充分利用绿色防控示范区影响力，改变农民长期依赖化学农药防治病虫现状，减少化学农药使用2～4次。帮助果农提升农产品质量，实现优质优价，带动绿色防控技术在特色作物种植区大面积应用，实现农产品提质增效。果园生态环境得到改善，天敌栖息繁殖和种群数量增加，促进果园生态系统平衡和生物多样性，减少病虫害抗药性产生和再猖獗危害。自2019年先后有20余个柑橘主产县被遴选为全国农作物病虫害"绿色防控示范县"。

▌三、蝗虫防治

（一）发生危害情况

2020年全国蝗虫总体中等偏轻发生，局部地区中等偏重发生，个别地区存在高密度点状分布。

1.飞蝗

发生面积1 399.67万亩次，比2019年减少19.50万亩次。其中，东亚飞蝗发生面积1 237.82万亩次，同比下降37.79万亩次；西藏飞蝗发生面积147.46万亩次，同比下降23.95万亩次，主要分布在西藏大部和四川甘孜州、阿坝州以及青海玉树州等区域，在通天河、金沙江、雅砻江、雅鲁藏布江等河谷地带以及西藏山南局部偏重发生，最高密度100头/米^2；亚洲飞蝗发生面积

14.39万亩次，同比下降5.66万亩次，主要发生在新疆塔城市南湖、阿勒泰地区布尔津县、哈巴河县以及吐鲁番市托克逊县等中哈边境地区和南疆阿克苏等地区，以及黑龙江和吉林局部苇塘湿地，新疆农牧交错区最高密度5头/米^2。

2.土蝗

北方农牧交错区土蝗发生面积1 836.83万亩次，比2019年减少200.22万亩次，在内蒙古兴安盟突泉县、科右中旗和新疆塔城地区额敏县等地出现高密度蝗虫，最高密度500头/米^2。

此外，沙漠蝗从尼泊尔扩散至我国西藏喜马拉雅山南麓河谷地带，主要分布在日喀则市、阿里地区边境7个县（市、区），累计发生面积27.5万亩次，迁入最多的为聂拉木县，累计发现有虫面积为2.3万亩，最高密度达到1 000头/米^2。黄脊竹蝗从老挝和越南迁入云南边境地区，累计发生面积4.68万亩次，主要分布在普洱、西双版纳、红河和玉溪4个州（市）10县（市、区）42个乡镇，其中江城县发生面积大，最高密度达到800头/米^2。

（二）防控行动

2020年，各地强化边境蝗情监测与国内重点蝗区蝗情排查，及时组织应急防控，科学选药，精准施药，减少化学农药使用量，扎实推动蝗灾可持续治理。

1.高位推进压实防控责任

2月，农业农村部张桃林副部长主持召开部治蝗指挥部会议，研究部署沙漠蝗等重点蝗虫防范工作，及时调整更新部、省治蝗指挥部人员名单，建立健全值班制度，层层落实工作责任。农业农村部联合海关总署、国家林草局印发《沙漠蝗及国内蝗虫监测防控预案》，并组织专家会商研判，印发《2020年沙漠蝗虫防治技术方案（试行）》和《2020年蝗虫监测与防控技术方案》，夯实防控工作组织领导和技术支撑。

2.强化蝗情监测预警和防治督导

加强边境监测，重点在中印、中尼、中缅边境地区200千米范围内布设29个监测点，做到早发现、早预警。在蝗虫发生关键时节5—8月，开启周报制度，调度发生情况，编发《治蝗快报》6期，向国务院报送沙漠蝗防控工作情况报告，及时反映防控工作进展情况。完成东亚飞蝗蝗区数字化勘测，形成蝗虫遥感预测图，制定蝗虫"一带四区"布防图，及时编印防控技术挂图，精准指导防控工作。面对西藏边境沙漠蝗、云南江城黄脊竹蝗、内蒙古兴安盟土蝗等蝗虫突发情况，农业农村部治蝗指挥部第一时间联合国家林草局、海关总署组派治蝗工作组，赶赴一线组织应急防控工作，迅速扑灭入侵蝗虫，消除扩散隐患。

3.加强国际援助与治蝗合作

不顾疫情和安全风险，农业农村部派员赴巴基斯坦援助沙漠蝗防控工作，协助制定援助方案，联系和调集援助药剂，圆满完成援外防控任务，得到国内外媒体的广泛关注和报道，获得巴基斯坦政府与人民的高度赞赏和认可。派员参加中国和尼泊尔治蝗工作专家交流会，通报沙漠蝗入侵我国信息，交流防控经验。认真实施中哈合作治蝗项目，采用线上和网络形式加强边境蝗虫调查监测与蝗情信息交换，促进双边信息交流。继续执行中英牛顿基金国际合作项目"主要作物病虫害遥感监测与防治方法研究"，为提升蝗虫遥感监测和防控水平奠定基础。

（三）技术进展

1.监测预警技术

采取系统监测与蝗区普查、遥感监测与人工查蝗、无人机侦察与地面定点监测结合的监测技术，充分发挥中国蝗虫防治指挥信息平台作用，依据"蝗虫滋生区数字化勘测技术规程"，密切监测蝗虫发生动态，及时组织召开专家会商会，为防控提供参考依据。健全蝗情监测队伍，落实查蝗员制度。在蝗蝻发生期，每隔5天调查1次，三龄蝗蝻虫量占总虫量的20%、50%、80%的时间分别为其始盛期、高峰期、盛末期。从三龄蝗蝻始盛期开始，进行大面积普查，明确宜蝗面积、蝗蝻发生面积、蝗蝻密度及分布情况，为防控工作提供依据。

2.生态控制技术

沿海蝗区采取蓄水育苇和种植苜蓿、紫穗槐、香花槐、棉花、冬枣等蝗虫非喜食植物，改造蝗虫滋生地，压缩发生面积；滨湖和内涝蝗区结合水位调节，采取造塘养鱼或上粮下鱼、上果下鱼模式，改造生态环境，抑制蝗虫发生；河泛蝗区实行沟渠路林网化，改善滩区生产条件，搞好垦荒种植和精耕细作，或利用滩区牧草资源，开发饲草种植和畜牧养殖，减少蝗虫滋生环境，降低其暴发频率；川藏飞蝗发生区可种植沙棘，改造蝗虫滋生环境。在土蝗常年重发区，可通过垦荒种植、减少撂荒地面积，春秋深耕细耙等措施破坏土蝗产卵适生环境，压低虫源基数，减轻发生程度。

3.生物防治技术

在中低密度发生区（飞蝗密度在5头/米^{2}以下和土蝗密度在20头/米^{2}以下）和生态敏感区（包括湖库、水源保护区、自然保护区等禁止或限制使用化学农药的区域），优先使用蝗虫微孢子虫、绿僵菌等微生物农药防治，合理使用印楝素植物源农药。在新疆等农牧交错区，采取牧鸡牧鸭、招引粉红椋鸟等进行防治。生态敏感区可降低防治指标，在三龄盛期前采用生物防治措施。必要时，在周边建立隔离带进行药剂封锁。

4.化学药剂防治技术

在高密度发生区（飞蝗密度5头/米^{2}以上，土蝗密度在20头/米^{2}以上，境外蝗虫迁入区）采取化学应急防治。可选用马拉硫磷、高氯·马、阿维·三唑磷等农药。在集中连片面积大于500公顷以上的区域，提倡进行飞机防治，推广GPS飞机导航精准施药技术和航空喷洒作业监管与计量系统，监控作业质量，确保防治效果。在集中连片面积小于500公顷的区域，组织植保专业化防治组织使用大型施药器械开展防治。重点推广超低容量喷雾技术，在芦苇、甘蔗、玉米等高秆作物田以及发生环境复杂区，重点推广烟雾机防治，应选在清晨或傍晚进行。化学防治时，应考虑条带间隔施药，留出合理的生物天敌避难区域。

（四）防控成效

2020年，各级植保部门认真落实《全国蝗虫灾害可持续治理规划（2014—2020年）》要求，克服新冠肺炎疫情影响，严格落实属地防控责任和蝗情值班报告制度，严密监测，严防死守，积极援外，统筹做好国内蝗虫监控与境外入侵蝗虫应急防控工作，在中低密度发生区优先采用生物防治和生态控制等绿色治蝗技术，在高密度发生区及时开展化学应急防治，实现了"飞蝗不起飞成灾，土蝗不扩散危害，入境蝗虫不二次起飞"的治蝗目标。据统计，全国防治飞蝗面积908.67万亩次，比上年减少20.26万亩次，防治北方农牧交错区土蝗面积661.68亩次，比上年减少45.68万亩次。通过防治，挽回粮食损失17.67万吨，为确保农业生产安全、生态安全和边境地区的稳定发展做出了重要贡献。

▎四、农田草害防治

（一）制定防控方案

由于轻简化栽培技术推广、收割机械跨区远距离作业、除草剂不合理使用等原因，导致我国农田杂草群落不断演替变化，种群结构日趋复杂，恶性杂草发生密度逐年增加，抗药性持续上升，严重威胁我国农业生产安全。为有效防控农田杂草危害，组织科研、教学、推广等行业专家研讨2020年农田杂草监测调查与科学防控技术方案，针对水稻、小麦、玉米、大豆、马铃薯、油菜、花生、棉花等大宗作物，全国农业技术推广服务中心提出了2020年农田杂草监测与防控基本思路和工作重点，制定印发《2020年农田杂草科学防控技术方案》，指导全国各地开展农田杂草监测调查与科学防控。

（二）试验示范

全国农业技术推广服务中心在东北稻区、长江中下游稻区、黄淮麦区开展47种稻田除草剂、19种麦田除草剂联合试验，对不同品种的区域适应性及防治效果进行了验证，掌握了不同类型除草剂使用特点，筛选了一批高效低风险除草剂产品。通过联合试验示范，针对以种子滋生的杂草，根据其幼芽期和幼苗期对除草剂较为敏感特点，优化土壤封闭处理，筛选出了丙草胺、吡氟酰草胺、氟噻草胺、砜吡草唑等土壤封闭除草剂，氯氟吡啶酯、苯唑氟草酮、苯唑草酮等茎叶处理除草剂。

全国农业技术推广服务中心在浙江、河南、辽宁分别构建了水稻、小麦、玉米三大粮食作物田杂草绿色防控及除草剂减施技术集成万亩示范区，在农田杂草绿色防控理念指导下，生态调控、物理防控、农业措施与科学使用除草剂相结合的农田杂草绿色治理集成术得到大面积推广应用。稻田杂草示范区主要展示了生物有机肥除草、GPS定位机械除草、纸膜覆草、播喷同步、机插同步技术；麦田杂草示范区主要展示了作物轮作、秸秆覆盖、深耕除草、除草剂"封杀结合"技术；玉米田杂草示范区主要展示了免耕条播、作物轮作、莠去津替代、"一次杀除"等控草技术。

（三）防控行动

为了做好农田草害防控，各级植保机构联合科研院所、高校等部门，结合现场会、交流会等，开展杂草识别、科学选药、安全用药技术培训。全年组织全国性培训3场，8月中旬在浙江杭州市萧山区举办了2020年全国农田杂草监测与防控技术培训班，9月中旬在辽宁盘锦市举办了玉米田杂草科学防控技术培训班，11月下旬在河南信阳市举办小麦田杂草科学防控技术培训班，线上线下共培训基层植保技术人员、种植大户10万人次以上，提高了基层植保技术人员、专业化防治队伍及农民的科学用药水平。

针对稻麦田杂草抗药性问题，全国农业技术推广服务中心联合中国农科院植保所、湖南省农科院植保所共同举办2020年水稻、小麦田杂草抗药性监测与治理技术项目总结会，分析了杂草抗药性水平动态变化，提出了有效抗药性治理措施。6月中旬组织有关省植保站赴安徽、江西参加了稻田杂草抗药性治理示范区现场考察，观摩了新型除草剂对抗药性稗草田间防效结果，交流了稻田抗性杂草防控中存在的主要问题，研究并提出了延缓稻田杂草抗药性发展的技术措施。

（四）防控成效

认真执行"预防为主，综合防治"的植保方针，以作物增产增收和除草剂减量控害为目标，按照"综合防控、治早治小、减量增效"的原则，突出主要作物，坚持分类指导，采取以农业措施为基础，化学措施为重要手段，辅以物理、生态等防除措施的综合治理策略，农田杂草防控取得明显成效，杂草防治处置率达到90%以上，防除效果90%以上，杂草危害损失控制在5%以下，除草剂使用量（折百量）连续多年控制在10万吨左右。据统计数据，2020年我国杂草防治面积11 054.03万公顷次，比2019年增加222.12万公顷次，增幅2.05%，挽回粮食损失2 669万吨。

五、农区鼠害防治

（一）制定技术方案

为有效防控农区鼠害，全国农业技术推广服务中心制定并印发《关于做好2020年农区灭鼠工作的通知》和《2020年全国农区鼠害防控技术方案》，指导全国各地开展农区鼠害监测调查与科学防控，组织春秋季统一灭鼠，推进杀鼠剂毒饵的精准投放和毒饵站投放。10月底，组织科研、教学、推广等行业专家举办全国农区鼠害监测与防控技术培训班，交流鼠害防控技术与经验，会商2021年农区鼠害趋势与防控基本思路和工作重点。

（二）试验示范

为保护农业生态系统生物多样性安全，促进鼠害绿色防控发展，全国农业技术推广服务中心组织开展了生物灭鼠剂（雷公藤甲素）的试验示范，不育效果和实际防效都得到了较好的验证。根据生物杀鼠剂的优势和存在的问题，提出技术改进意见和下一步试验设计方案。建立鼠害物联网智能监测试验示范点84个，TBS（围栏+陷阱）试验示范172个。在209个县（市、区）实施农区统一灭鼠示范，防治效果均在80%以上。毒饵站灭鼠技术示范在全国各地广泛使用，因其高效、安全、环保、持久等优点，得到基层农技人员及农户的广泛认可。

（三）指导服务

各地因地制宜组织开展春秋季统一灭鼠行动。针对新疆鼠害发生严重的问题，全国农业技术推广服务中心组织教学和科研单位专家赴新疆实地调查鼠害发生情况，分析害鼠来源和暴发原因，提出了有针对性、可操作的防控指导意见。与中国植保学会鼠害防治专业委员会联合举办科普宣传、科技下乡活动，并在新疆伊犁进行鼠害科学防控理念及技术宣传，指导当地村民科学高效防控鼠害。

（四）防控成效

2020年，各地强化属地责任，扎实开展鼠害治理，以"保生态、护产业、健康宜居"为防控目标，以控制农林、农牧交错地带和湖区、库区、沿江（河）流域鼠密度为重点，全面控制农区鼠害发生，降低鼠传疾病在农村地区流行，取得显著成效。据统计，2020年全国防治农田鼠害1 418.2万公顷；防治农户0.8亿个，其中农田统一灭鼠约230万公顷，毒饵站灭鼠约266万公顷，组织农户统一灭鼠约1 400万户，农户毒饵站灭鼠约147万户，累计挽回粮食损失约460万吨。

六、绿色防控技术与示范县建设

按照绿色兴农、质量兴农要求，大力推进农作物病虫害绿色防控和农药减施增效。

（一）全国农作物病虫害"绿色防控示范县"创建

按照《国家质量兴农战略规划（2018—2022年)》关于"实施绿色防控替代化学防治行动，建设300个绿色防控示范县"要求，根据农业农村部种植业管理司的统一部署，全国农业技术推广服务中心在2019年组织开展绿色防控示范县创建工作的基础上，2020年年初印发《全国农作物病虫害"绿色防控示范县"

创建工作方案》，提出在全国再创建100个绿色防控示范县，明确了创建任务和考核指标。10月份，印发《关于组织报送全国农作物病虫害"绿色防控示范县"创建申报材料的通知》，组织做好创建总结和申报工作。经过组织专家评审，评出第二批绿色防控示范县109个。

（二）绿色防控示范展示

全国农业技术推广服务中心在150个果菜茶全程绿色防控示范县、600个绿色防控与统防统治融合基地，进一步加大绿色防控示范推广力度。在全国建设水稻、小麦、玉米、茶叶、蔬菜、水果等作物重大病虫害防控新技术示范区18个，新技术试验点60多个，组织防治新技术试验60多项，示范面积260万亩。12月，在海南召开全国绿色防控现场会，交流总结绿色防控经验，研讨工作思路，安排部署绿色防控技术推广工作。

（三）绿色防控技术培训

全国农业技术推广服务中心全年共举办茶叶、果菜、水稻等作物病虫害绿色防控新技术和生物食诱剂、害虫性信息素应用等专题培训班5个，累计培训各级植保技术人员1 000多人，在推广普及绿色防控技术方面发挥了重要作用。

（四）绿色防控覆盖率显著提高

全国农业技术推广服务中心根据农业农村部种植业管理司制定的《农作物病虫害绿色防控评价指标及统计方法（试行）》，在加大宣传培训的基础上，组织各省认真采集基础数据，并对全国及各省绿色防控覆盖率进行测算，2020年全国农作物病虫绿色防控覆盖率达到41.5%，同比提高4.5个百分点，绿色防控水平进一步提高，促进了农药减量增效。

第四章

植物检疫

▍ 一、有害生物风险分析

随着全球贸易自由化的发展，种子贸易和调运日趋频繁，种子全球采购加工、国际中转、仓储集散成为种子贸易模式新常态，有害生物来源和发生形势更复杂，传播扩散风险也更高。2020年，农业植物有害生物风险分析工作以首次引进和高风险种子为重点，密切关注国内外危险性有害生物的发生动态，在科学评估的基础上提出与风险水平相适应的风险管理措施，为引种检疫审批决策和后续监管提供技术依据。

（一）组织开展引进种苗风险评估

（1）服务国外引种检疫审批，做好首次引进种子风险分析。近年来，随着我国生态环境、绿色发展、景观园林、美丽乡村建设等需求，对花卉需求越来越高，从国外引进"新""奇"花卉越来越多。2020年针对从美国、日本首次引进的粉蝶花、杂种三色堇和白舌菊等8种花卉种子，全国农业技术推广服务中心组织有关专家开展风险分析，在广泛收集拟引进植物的栽培、分布以及有害生物等信息的基础上，按照国外引种检疫审批管理有关规定及《有害生物风险分析准则》等标准要求，提出了控制引进数量；种子引进后，在具有隔离条件的场圃进行试种，植物检疫部门加强种植期间的疫情监测、检测和检疫监管等风险管理措施。

（2）服务中智农业合作项目，开展高风险植物种苗引进风险评估。为落实中国农业农村部和智利农业部签署的协议，推动中智农业合作深入开展，保障中智示范农场引进智利果树苗木的安全，全国农业技术推广服务中心组织开展了从智利引进樱桃、李子及杏仁树苗木的有害生物风险分析工作。通过收集相关苗木可能携带的有害生物种类、了解智方苗木生产管理状况、实地考查中智示范农场隔离条件等，对41种重点关注的有害生物传入和扩散风险进行系统评估。评估结果显示，从智利引进的种苗上可能携带有苹果蠹蛾、李痘病毒等8种检疫性有害生物，以及异绣线菊蚜、桃黑短尾蚜等13种高风险有害生物。根据评估结果，提出如下风险管控措施：在种苗出口前，智方加强检疫监管，确保出口种苗检测合格，且种苗不携带中方提出的检疫性和高风险有害生物；在种苗引进后，每个品种分别抽取50株在植物检疫隔离场开展隔离试种，其他种苗限定在中智示范农场指定区域集中种植，当地农业植物检疫机加强种植期间疫情监测。

（3）服务农业植物检疫监管，关注国外危险性有害生物发生动态。2019—2020年，美国、澳大利亚等多个国家发出关于番茄褐色皱果病毒的警示通报，并对番茄束顶类病毒、番茄萎黄矮化类病毒等多种植物病毒和类病毒也高度关注。同期，我国海关多次截获番茄潜麦蛾、马铃薯斑纹片病菌等有害生物。根据上述情况，结合我国农业植物种子引进需求和农产品贸易现状，农业农村部对番茄褐色皱果病毒、番茄束顶类病毒、马铃薯斑纹片病菌等11种有害生物组织开展了风险分析。评估结果显示，11种有害生物在我国没有分布或仅在局部地区发生，传入我国风险较高，传入后可能造成严重危害。根据评估结果，提出如下风险管控建议：加强从国外引进相关农作物种子检疫审批，严防上述有害生物随种子引进传入我国；将番茄褐色皱果病毒、玉米矮花叶病毒、马铃薯斑纹片病菌、乳状耳形螺、玫瑰蜗牛、番茄浅麦蛾等6种有害生物列入我国进境检疫性有害生物名录。

（4）服务植物检疫有害生物名录修订，关注国内局部发生的外来有害生物。2020年，全国农业技术推广服务中心与中国农科院植保所、中国检验检疫科学院等单位开展合作，对近年来我国局部地区发生的马铃薯孢囊线虫、南瓜实蝇等有害生物的入侵、发生和防控技术开展深入研究，并从种类鉴定、危害特点、潜在分布、直接经济影响等方面开展风险评估。风险分析认为，马铃薯金线虫和白线虫能够侵染包括马铃薯、番茄等在内的126种茄科植物，其随马铃薯种质资源及其他植物资源的交换传入中国风险较高，一旦传入将会对我国马铃薯产业造成严重危害，须采取严格的检疫措施，禁止从马铃薯金线虫和白线虫疫区引进种薯和其他可能携带孢囊线虫的植物材料；针对国内局部地区发生马铃薯金线虫的情况，建议将其增补入全国农业检疫性有害生物名单。南瓜实蝇可危害南瓜、西红柿、西瓜等多种经济作物，极有可能通过自然或人为传播的方式在我国传播和扩散，在国内发生区需加强疫情监测防治措施，防止其进一步扩散危害。

（二）组织开展全国农业植物检疫名单修订

2009年，农业部公布了《全国农业植物检疫性有害生物名单》（表4-1）和《应施检疫的植物及植物产品名单》（表4-2）。近年来，国内植物疫情形势出现较大变化，《全国农业植物检疫性有害生物名单》中的部分有害生物已不适于采用检疫手段进行控制，一些新的有害生物亟需明确检疫地位，从而采取相应检疫措施，全国植物检疫性有害生物审定委员会秘书处在广泛征集相关单位意见建议的基础上，提出了《全国农业植物检疫性有害生物名单》修订草案。为做好植物检疫名单审定工作，2020年农业农村部修订发布了《全国植物检疫性有害生物审定委员会章程》，组建了第五届审定委员会，9月17日召开了第五届审定委员会成立大会暨第一次会议，来自农业农村部、海关总署、林草局，有关科研教学单位以及植物检疫机构的46名审定委员会委员参加了会议。审定委员根据植物疫情发生变化情况、有害生物风险分析报告等资料，按照遵循法定基本要素、坚持科学评价方法、考虑现实检疫能力等三个原则，对《全国农业植物检疫性有害生物名单》修订草案进行了审议。经会议审定，建议从原《全国农业植物检疫性有害生物名单》中删除不具有全国农业检疫控制意义的美国白蛾、柑橘溃疡病菌、烟草环斑病毒等3种有害生物，将梨火疫病菌、马铃薯金线虫、玉米褪绿斑驳病毒等3种有害生物增补入名单，修改部分有害生物的中文名和拉丁学名。同时，针对新名单，结合有害生物传播途径和检疫管控措施，突出传播疫情风险高的植物及植物产品，提出《应施检疫的植物及植物产品名单》修订建议。11月4日，农业农村部351号公告发布新版《全国农业植物检疫性有害生物名单》。

表4-1 全国农业植物检疫性有害生物名单

种类	中文名称	拉丁学名
昆虫	1. 菜豆象	*Acanthoscelides obtectus* (Say)
	2. 蜜柑大实蝇	*Bactrocera tsuneonis* (Miyake)
	3. 四纹豆象	*Callosobruchus maculatus* (F.)
	4. 苹果蠹蛾	*Cydia pomonella* (L.)

（续）

种类	中文名称	拉丁学名
昆虫	5. 葡萄根瘤蚜	*Daktulosphaira vitifoliae* Fitch
	6. 马铃薯甲虫	*Leptinotarsa decemlineata* (Say)
	7. 稻水象甲	*Lissorhoptrus oryzophilus* Kuschel
	8. 红火蚁	*Solenopsis invicta* Buren
	9. 扶桑绵粉蚧	*Phenacoccus solenopsis* Tinsley
线虫	10. 腐烂茎线虫	*Ditylenchus destructor* Thorne
	11. 香蕉穿孔线虫	*Radopholus similis* (Cobb) Thorne
	12. 马铃薯金线虫	*Globodera rostochiensis* (Wollenweber) Skarbilovich
细菌	13. 瓜类果斑病菌	*Acidovorax citrulli* Schaad *et al.*
	14. 柑橘黄龙病菌（亚洲种）	*Candidatus* Liberibacter asiaticum Jagoueix *et al.*
	15. 番茄溃疡病菌	*Clavibacter michiganensis* subsp. *michiganensis* Smith *et al.*
	16. 十字花科黑斑病菌	*Pseudomonas syringae* pv. *maculicola* McCulloch *et al.*
	17. 水稻细菌性条斑病菌	*Xanthomonas oryzae* pv. *oryzicola* Swings *et al.*
	18. 亚洲梨火疫病菌	*Erwinia pyrifoliae* Kim *et al.*
	19. 梨火疫病菌	*Erwinia amylovora* Burrill *et al.*
真菌	20. 黄瓜黑星病菌	*Cladosporium cucumerinum* Ellis *et* Arthur
	21. 香蕉镰刀菌枯萎病菌4号小种	*Fusarium oxysporum* f.sp. *cubense* (Smith) Snyder *et* Hansen Race 4
	22. 玉蜀黍霜指霉菌	*Peronosclerospora maydis* (Racib.) C.G.Shaw
	23. 大豆疫霉病菌	*Phytophthora sojae* Kaufmann *et* Gerdemann
	24. 内生集壶菌	*Synchytrium endobioticum* (Schilb.) Percival
	25. 苜蓿黄萎病菌	*Verticillium albo-atrum* Reinke *et* Berthold

（续）

种类	中文名称	拉丁学名
	26. 李属坏死环斑病毒	*Prunus necrotic ringspot virus*
病毒	27. 黄瓜绿斑驳花叶病毒	*Cucumber green mottle mosaic virus*
	28. 玉米褪绿斑驳病毒	*Maize chlorotic mottle virus*
	29. 毒麦	*Lolium temulentum* L.
杂草	30. 列当属	*Orobanche* spp.
	31. 假高粱	*Sorghum halepense* (L.) Pers.

表4-2 应施检疫的植物及植物产品名单

昆虫	作用对象
1. 菜豆象	菜豆、芸豆、豌豆等豆类植物籽粒
2. 蜜柑大实蝇	柑橘类果实
3. 四纹豆象	绿豆、赤豆、豇豆等豆类植物籽粒
4. 苹果蠹蛾	苹果、梨、桃、杏等果树苗木、果实等
5. 葡萄根瘤蚜	葡萄属植物苗木、接穗
6. 马铃薯甲虫	马铃薯种薯、块茎、植株，以及茄子、番茄等茄科植物种苗、果实、叶片、植株
7. 稻水象甲	水稻秧苗、稻草、稻谷和根茬
8. 红火蚁	带土农作物苗木、带土观赏植物苗木、草坪草等
9. 扶桑绵粉蚧	锦葵科、茄科、菊科、豆科等寄主植物苗木
线虫	作用对象
10. 腐烂茎线虫	甘薯、马铃薯、洋葱、当归、大蒜等寄主植物块茎、鳞球茎、块根
11. 香蕉穿孔线虫	香蕉、柑橘、红掌等芭蕉科、天南星科和竹芋科植物苗木
12. 马铃薯金线虫	马铃薯种薯、块茎，以及带根带土植物

（续）

细菌	作用对象
13. 瓜类果斑病菌	西瓜、甜瓜、南瓜、葫芦等葫芦科寄主植物种子、种苗
14. 柑橘黄龙病菌（亚洲种）	柑橘属、金柑属等芸香科寄主植物苗木、接穗
15. 番茄溃疡病菌	番茄等茄科寄主植物种苗
16. 十字花科黑斑病菌	油菜、白菜、萝卜等十字花科寄主植物种子、种苗
17. 水稻细菌性条斑病菌	水稻种子、秧苗、稻草
18. 亚洲梨火疫病菌	梨、苹果、山楂等蔷薇科寄主植物苗木、接穗
19. 梨火疫病菌	梨、苹果、山楂等蔷薇科寄主植物苗木、接穗

真菌	作用对象
20. 黄瓜黑星病菌	黄瓜、西葫芦、南瓜、西瓜等葫芦科寄主植物种子、种苗
21. 香蕉镰刀菌枯萎病菌4号小种	香蕉、芭蕉等芭蕉属寄主植物苗木
22. 玉蜀黍霜指霉菌	玉米种子、秸秆
23. 大豆疫霉病菌	大豆种子、豆荚
24. 内生集壶菌	马铃薯种薯、块茎
25. 苜蓿黄萎病菌	苜蓿种子、饲草

病毒	作用对象
26. 李属坏死环斑病毒	桃、杏、李、樱桃等蔷薇科寄主植物苗木、接穗
27. 玉米褪绿斑驳病毒	玉米种子、秸秆
28. 黄瓜绿斑驳花叶病毒	西瓜、甜瓜、南瓜、葫芦、黄瓜等葫芦科寄主植物种子、种苗

（续）

杂草	作用对象
29. 毒麦	小麦、大麦等麦类种子
30. 列当属	瓜类、向日葵、番茄、烟草、辣椒等植物种子、种苗
31. 假高粱	小麦、大麦、玉米、水稻、大豆、高粱等植物种子

▌二、国外引种检疫审批监管

（一）依法依规开展审批

2020年，全国办理从国外引进农业种子苗木检疫审批11 088批次，其中农业农村部审批2 186批次，省级农业农村主管部门审批8 902批次，对552批次申请做退回或补正材料要求，所有申请事项100%按时办结、零投诉。全年经审批引进农业种子3 397.9万余千克、苗木10.5亿株，种子种苗来源于68个国家（地区）。从办理时期看，第一、四季度特别是春节前后的许可证签发数量高于第二、三季度，为国外引进种子种苗的旺季；从引进作物种类看，百合、紫苜蓿、薤菜等花卉、牧草、蔬菜种子引进批次较多、数量较大。近年来从国外引进百合、紫苜蓿、薤菜等作物种子检疫审批批次及数量见表4-3。

表4-3　2009—2020年从国外引进部分作物种子检疫审批批次及数量

年份	百合批次	数量/百万株	紫苜蓿批次	数量/千克	薤菜批次	数量/千克
2009	39	29	16	91 600	127	3 347 725
2010	40	19	7	30 060	127	3 763 610
2011	63	49	1	6 000	97	3 213 010

（续）

年份	百合批次	数量/百万株	紫苜蓿批次	数量/千克	蔬菜批次	数量/千克
2012	106	153	12	168 060	110	3 464 051
2013	158	195	79	2 781 494	120	5 614 125
2014	172	190	80	2 650 000	104	4 544 500
2015	151	212	84	2 350 000	95	3 419 020
2016	168	320	35	1 190 000	83	2 943 003
2017	198	386	51	1 380 906	97	3 777 995
2018	278	365	84	3 408 155	108	3 949 090
2019	395	410	84	3 445 010	114	4 831 004
2020	307	513	47	1 772 715	125	4 635 518

　　2020年年初，针对因新冠肺炎疫情造成的国外引种审批困难，农业农村部与各省农业农村主管部门主动简化审批流程、优化服务，保证了有序审批、安全引进。一是针对部分疫情发生地区引种单位无法到现场办理审批的情况，明确省级审核意见可先通过信息系统推送，纸质材料在后期补交。二是针对受国际货运影响，较多引种申请需修改进境口岸、延长有效期的情况，审批单位加班加点、急事急办逐一予以解决。三是省级农业农村主管部门制定工作方案，进一步优化审批内部流程，强化审批时效要求。

（二）突出重点加强监管

　　2020年，农业农村部密切跟踪贸易相关国家有害生物发生动态，及时调整对外检疫要求和工作措施，针对部分番茄、辣椒种子生产国和输出国突发番茄褐色皱果病毒的情况，及时将其增补进检疫审批要求，并在口岸查验、进境跟踪等环节进行重点监管。在从国外引进的农作物种子种苗种植期间，农业农村部组织各级植物检疫机构开展跟踪监测调查，重点加强高风险新引进作物、重要种质资源和引进批次多、数量大的主粮作物等种子种苗的监测调查，全年实际监测面积27.7万亩。各地不断完善工作程序，进一步提升从国外引进种苗后续监管工作水平，及时发现并处置了一批零星疫情。如浙江省植保检疫与农药管理总站在一批原产地为日本的樱桃苗木中发现全国农业植物检疫性有害生物和进境植物检疫性有害生物——李属坏死环斑病毒，该病毒导致的产量损失可达30%～57%，这是我国首次从日本引进的樱桃苗木上发现该病毒。浙江省、宁波市、北仑区三级植物检疫机构共同制定疫情处置方案，对发现疫情的种苗进行集中清理、统一烧毁，对周边可能传毒的昆虫和易感植物进行了施药防除，防止疫情通过昆虫媒介传播，及时阻止疫情传播扩散，确保了农业生产和生态环境安全。再如河南省植保植检站在组织进口转基因作物种植试验基地检疫检查时，发现了进境检疫性有害生物——棉花黄萎病，经河南省、安阳市植物检疫机构研究，对种植单位提出已种植试验棉花不得调运出该基地，需当地销毁以及试验作物应温室种植或对基地进行整改，使其具备自然隔离条件，以满足检疫隔离规定，否则不允许隔离试种的管理要求。

（三）稳步推进隔离试种

2020年，北京、上海、广州和成都的5家隔离场开展了从国外引进高风险种子苗木隔离试种，涉及来自阿根廷、澳大利亚、荷兰、韩国、日本等9个国家的100多批次种苗，其中全国农业技术推广服务中心植物检疫隔离场以首次引进和其他高风险种子为重点，对原产自阿根廷、智利等国家的玉米、甘蓝等6

种作物、26批次植物种子开展针对性隔离试种。

全国农业技术推广服务中心植物检疫隔离场对接收到26批次植物种子进行初步检验，采用直观检查、显微镜检、解剖镜检等方法未发现种子中携带杂草、昆虫等有害生物。26批次植物种子的隔离试种均在隔离温室内开展，多次组织专家赴隔离试种现场开展疫情监测。同时采用PCR及琼脂糖凝胶电泳、生物学及分子生物学等技术对种子上可能携带的病毒、细菌和真菌等有害生物进行实验室检测。隔离试种结果显示，2020年隔离试种的26批次种子中均未发现检疫性有害生物。隔离检疫任务的顺利完成确保了境外优良品种引种安全，为引种检疫审批提供了可靠依据。

三、农业植物疫情监测

（一）总体发生情况

2020年，全国农业植物检疫性有害生物在29个省（自治区、直辖市）的1 367个县（市、区）发生，分布面积4 184.9万亩次（含当年发生及当年未发生但尚未确定根除的面积），发生面积2 499.5万亩次，与上年相比下降3.4%，累计防治面积8 860.9万亩次。总体看，2020年全国农业植物检疫性有害生物发生危害控制的较为平稳，南方省份植物疫情发生情况较北方省份更为严重。红火蚁、柑橘黄龙病菌（亚洲种）等植物疫情在146个县（市、区）报告发生，40个县级行政区报告根除了扶桑绵粉蚧、瓜类果斑病菌、柑橘黄龙病菌、香蕉镰刀菌枯萎病菌4号小种、黄瓜绿斑驳花叶病毒、毒麦、柑橘溃疡病菌等7种检疫性有害生物。柑橘黄龙病（亚洲种）在江西、广东等省份的流行态势得到初步遏制，稻水象甲在东北、江南等稻区危害程度逐年减轻，马铃薯甲虫在东北四省份仅有1个边境县发生。但部分有害生物如梨火疫病菌、大豆疫霉病菌等在局部地区发生较重、威胁较大，国内植物疫情形势依然严峻（表4-4）。

表4-4 2020年各省份发生的全国农业植物检疫性有害生物名单及县级行政区数量

省份	全国农业植物检疫性有害生物	县级行政区数量 / 个
北京	稻水象甲	1
天津	苹果蠹蛾、稻水象甲、扶桑绵粉蚧、假高粱	6
河北	苹果蠹蛾、稻水象甲、腐烂茎线虫、番茄溃疡病菌、黄瓜黑星病菌、列当属	16
山西	稻水象甲、列当属	8
内蒙古	苹果蠹蛾、稻水象甲、腐烂茎线虫、瓜类果斑病菌、番茄溃疡病菌、黄瓜黑星病菌、列当属	37
辽宁	苹果蠹蛾、美国白蛾、稻水象甲、腐烂茎线虫、瓜类果斑病菌、番茄溃疡病菌、李属坏死环斑病毒、黄瓜绿斑驳花叶病毒、黄瓜黑星病菌、列当属	52
吉林	苹果蠹蛾、稻水象甲、瓜类果斑病菌、番茄溃疡病菌、黄瓜黑星病菌、列当属	45
黑龙江	苹果蠹蛾、马铃薯甲虫、稻水象甲、瓜类果斑病菌、番茄溃疡病菌、黄瓜黑星病菌、大豆疫霉病菌	47
上海	葡萄根瘤蚜、瓜类果斑病菌	3
江苏	扶桑绵粉蚧、水稻细菌性条斑病菌、瓜类果斑病菌、黄瓜绿斑驳花叶病毒、假高粱	28
浙江	稻水象甲、红火蚁、扶桑绵粉蚧、瓜类果斑病菌、柑橘黄龙病菌（亚洲种）、柑橘溃疡病菌、水稻细菌性条斑病菌、亚洲梨火疫病菌、黄瓜绿斑驳花叶病毒	52
安徽	稻水象甲、扶桑绵粉蚧、腐烂茎线虫、水稻细菌性条斑病菌、瓜类果斑病菌、亚洲梨火疫病菌	45

（续）

省份	全国农业植物检疫性有害生物	县级行政区数量/个
福建	稻水象甲、红火蚁、扶桑绵粉蚧、瓜类果斑病菌、柑橘黄龙病菌（亚洲种）、柑橘溃疡病菌、水稻细菌性条斑病菌、香蕉镰刀菌枯萎病菌4号小种	78
江西	稻水象甲、红火蚁、扶桑绵粉蚧、柑橘黄龙病菌（亚洲种）、柑橘溃疡病菌、水稻细菌性条斑病菌	64
山东	稻水象甲、扶桑绵粉蚧、腐烂茎线虫、瓜类果斑病菌	16
河南	葡萄根瘤蚜、美国白蛾、稻水象甲、腐烂茎线虫、大豆疫霉病菌	40
湖北	稻水象甲、红火蚁、扶桑绵粉蚧、番茄溃疡病菌、十字花科黑斑病菌、柑橘溃疡病菌、水稻细菌性条斑病菌、毒麦、假高粱	47
湖南	蜜柑大实蝇、葡萄根瘤蚜、稻水象甲、红火蚁、扶桑绵粉蚧、瓜类果斑病菌、柑橘黄龙病菌（亚洲种）、柑橘溃疡病菌、水稻细菌性条斑病菌、假高粱	99
广东	稻水象甲、红火蚁、扶桑绵粉蚧、柑橘黄龙病菌（亚洲种）、柑橘溃疡病菌、水稻细菌性条斑病菌、香蕉镰刀菌枯萎病菌4号小种、黄瓜绿斑驳花叶病毒	123
广西	葡萄根瘤蚜、稻水象甲、红火蚁、扶桑绵粉蚧、柑橘黄龙病菌（亚洲种）、柑橘溃疡病菌、水稻细菌性条斑病菌、香蕉镰刀菌枯萎病菌4号小种、黄瓜绿斑驳花叶病毒	106
海南	红火蚁、番茄溃疡病菌、柑橘黄龙病菌（亚洲种）、柑橘溃疡病菌、水稻细菌性条斑病菌、香蕉镰刀菌枯萎病菌4号小种、黄瓜绿斑驳花叶病毒、假高粱	24
重庆	稻水象甲、红火蚁、扶桑绵粉蚧、柑橘溃疡病菌、亚洲梨火疫病菌	28
四川	蜜柑大实蝇、稻水象甲、红火蚁、柑橘黄龙病菌（亚洲种）、柑橘溃疡病菌、水稻细菌性条斑病菌、内生集壶菌、毒麦、马铃薯金线虫	85

（续）

省份	全国农业植物检疫性有害生物	县级行政区数量 / 个
贵州	菜豆象、稻水象甲、柑橘黄龙病菌（亚洲种）、柑橘溃疡病菌、红火蚁、蜜柑大实蝇、内生集壶菌、水稻细菌性条斑病菌	70
云南	菜豆象、蜜柑大实蝇、稻水象甲、红火蚁、扶桑绵粉蚧、柑橘黄龙病菌（亚洲种）、柑橘溃疡病菌、水稻细菌性条斑病菌、香蕉镰刀菌枯萎病菌4号小种、内生集壶菌	79
西藏	无	0
陕西	葡萄根瘤蚜、稻水象甲、腐烂茎线虫、李属坏死环斑病毒、黄瓜绿斑驳花叶病毒、毒麦、列当属	27
甘肃	苹果蠹蛾、瓜类果斑病菌、梨火疫病菌、番茄溃疡病菌、毒麦、列当属	31
青海	无	0
宁夏	苹果蠹蛾、稻水象甲、瓜类果斑病菌、黄瓜绿斑驳花叶病毒	14
新疆	苹果蠹蛾、马铃薯甲虫、稻水象甲、扶桑绵粉蚧、瓜类果斑病菌、番茄溃疡病菌、梨火疫病菌、大豆疫霉病菌、列当属	96
合计		1 367

（二）部分重大疫情发生情况

（1）柑橘黄龙病菌（亚洲种）。在10个省份的322个县（市、区）发生，新增疫情发生县级行政区18个（贵州4个，四川、湖南、广西各3个，浙江2个，广东、福建、江西各1个），根除疫情县级行政区6个（广东4个，云南2个）。全年发生面积209.4万亩，比上年减少3.8万亩，减幅1.8%。大部分发生省份平均病株率控制在5%以内，大部分发生省份将传病虫媒密度控制在较低水平。但总体而言，柑橘黄龙病"北扩"压力增加，局部地区木虱种群数量大，仍存在一定数量的失管果园，如广西、湖南、江西报告年度木虱虫量为近年新高；在四川宜宾市屏山阻截带区域，木虱已扩散至宜宾市翠屏区；江西黄龙病发生北缘区仍在抚州市、新余市，但部分地区木虱种群数量增加；湖南衡阳市衡南县、耒阳市和邵阳市新宁县等3个县（市、区）新发柑橘黄龙病；浙江衢州市6个区（县）发现木虱，其中龙游县为黄龙病新发区，且失管、半失管橘园数量增多，为柑橘木虱提供了食料来源和存活繁殖场所。

（2）苹果蠹蛾。在9个省份的176个县（市、区）发生。新增疫情发生省级行政区河北，新增疫情发生县级行政区14个（宁夏5个，吉林、辽宁各3个，甘肃2个，河北1个）。全年发生面积57.4万亩次，比上年减少2.0万亩次，降幅3.4%。甘肃、新疆、辽宁等发生省份建立一批综合治理示范区，发生地区果园虫口密度均控制在3%以内，蛀果率明显下降。天津蓟州区使用性信息素迷向防控技术建立疫情阻截带，有效遏制了苹果蠹蛾向南扩散的势头。

（3）梨火疫病。在5个省份的79个县（市、区）发生。其中梨火疫病菌在2个省份的63个县（市、区）发生，发生面积44.3万亩，在新疆大部的梨、苹果产区总体中等发生，在甘肃河西走廊的部分果园点片发生。亚洲梨火疫病菌在3个省份的16个县（市、区）发生，全年发生面积2 333.2亩，在浙江西北部、安徽东部、重庆东北部的部分苹果、梨果园零星发生。疫情随传粉昆虫、农事操作等在已发生县（市、区）扩散风险较高，存在进一步传入苹果、梨优势产区的风险。

（4）马铃薯甲虫。在2个省份的37个县（市、区）发生，全年发生面积10万亩次，比上年减少56.9%。2015年，黑龙江首次在毗邻俄罗斯边境地区发现马铃薯甲虫，之后黑龙江持续加大疫情阻截防控力度，加密监测网点、加大调查力度，及时发现并果断处置了染疫田块，杀灭了绝大多数境外初迁入虫源。2020年，黑龙江仅在牡丹江市东宁市监测到零星幼虫发生，面积3.0亩，疫情阻截防控取得了较好效果。新疆采取物理、化学综合防控措施进行综合防控，不断压缩发生区域、降低虫口基数，同时强化检疫监管严防疫情传出，将发生区牢牢控制在木垒县以西。但由于俄罗斯、哈萨克斯坦等我国周边国家均有马铃薯甲虫发生，疫情随货物贸易或自然入侵的风险仍然较高，阻截防控压力仍然很大。

（5）红火蚁。在12个省份的414个县（市、区）发生，在435个县（市、区）分布。新增疫情发生县级行政区33个（广东8个，浙江7个，广西5个，江西、福建各4个，云南2个，贵州、湖南、重庆各1个）。全年发生面积568.0万亩，比上年增加32.9万亩，增幅6.1%。2016年以来，红火蚁疫情呈加速扩散蔓延趋势，发生区域和发生面积持续增长，主要原因：一是近年来城市绿化和公路建设加速推进，绿化用草坪草、带土苗木和建筑材料等物品调运数量大幅增加，红火蚁随之大范围传播，发生区域快速扩大。二是受台风、雨水等天气因素影响，红火蚁借助气流、水流向周边扩散，发生面积持续增加。

（6）大豆疫霉病菌。在3个省份的29个县（市、区）发生，新增疫情发生的13个县级行政区均在黑龙江省。近年东北地区大豆呈现恢复式发展，种植面积增加，受气候条件适宜、田间菌源充足等影响，大豆疫霉病菌在黑龙江、内蒙古等省份的局部地区呈偏重发生，进一步加重发生风险较高。

（7）黄瓜绿斑驳花叶病毒。在5个省份的12个县（市、区）发生。新增疫情发生县级行政区2个（江苏、浙江各1个）。全年发生面积8 377亩次，比上年减少31.8%。瓜类果斑病菌：在11个省份的19个县（市、区）发生。新增疫情发生县级行政区

8个（宁夏、上海各2个，安徽、甘肃、江苏、浙江各1个）。全年发生面积7 226亩次，比上年减少76.6%。从疫情来源看，种子、种苗是两种瓜类病害传播的主要渠道；从发生特点看，生长关键期集中降雨、低温寡照容易引起病害大面积发生。

（8）稻水象甲。在25个省份的399个县（市、区）发生，全年发生面积882.4万亩，与上年相比减少10%。新增疫情发生县级行政区26个（贵州4个、黑龙江5个、江西1个、内蒙古1个、宁夏1个、四川4个）。稻水象甲在贵州、黑龙江、四川等省份扩散速度较快，各地采用带药移栽、统防统治、休耕轮作等方式，将危害损失率总体控制在3%以下，未对水稻生产安全造成严重影响。

▌四、重大疫情阻截防控

（一）突出关键环节，加强疫情阻截

在农业农村部统一部署下，各级植物检疫机构切实加强国内生产调运植物、植物产品检疫监管。产地检疫方面，水稻、玉米、棉花、大豆主要农作物种子的基本达到全覆盖，小麦种子覆盖率达90%以上，蔬菜、花卉、果树等农作物种苗覆盖率也稳步提升。调运检疫方面，省间、省内调运检疫批次、涉及植物和植物产品种类数量均与往年基本持平。

1. 产地检疫

2020年，各级植物检疫机构严格按照法规规范开展植物及植物产品产地检疫和调运检疫监管，切实降低检疫性有害生物随调运植物及植物产品传播风险。全年签发产地检疫合格证54 760份，产地检疫总面积3 216.90万亩，种子总质量1 161.54亿吨，苗木386.76亿株。

从各省份情况来看，30个省份出具了产地检疫合格证。

从签发数量上来看，各省差异很大，新疆、甘肃、河南、山东、辽宁、四川6省份年签发证书超过3 000份，占全国总数的52.8%。从产地检疫面积上来看，河南、山东、甘肃等7个省份占全国总数的67%。从产地检疫种子质量上看，山东、甘肃、河南、四川4省份占全国总数的53%。从产地检疫苗木数量上看，浙江、四川、贵州、广东、广西、福建、辽宁等7省份年度超10亿株，占全国总数的87%（表4-5）。

表4-5　2020年产地检疫分省份情况表

省份	签发数量/份	申请单位/个	作物种类/种	作物品种/个	面积/万亩	质量/万吨	株数/亿株
北京	253	46	49	2 611	5.19	0.39	0.11
天津	231	25	27	2 920	3.83	1.49	0.00
河北	2 183	377	100	14 721	148.39	71.81	4.40
山西	1 126	185	88	5 797	23.35	6.02	0.11
内蒙古	785	242	76	7 466	96.52	74.65	0.01
辽宁	3 196	464	241	20 415	68.25	14.33	6.15
吉林	866	227	88	10 925	24.38	9.70	0.67
黑龙江	2 668	377	68	8 239	441.78	120.45	0.85
上海	307	57	73	1 789	6.47	2.64	1.63
江苏	2 681	286	72	5 894	187.48	80.52	0.29
浙江	1 085	375	137	3 542	31.30	6.27	37.37
安徽	2 206	437	138	9 570	166.18	68.39	14.56
福建	1 178	218	40	4 536	76.37	8.75	16.11
江西	771	171	49	2 930	80.03	5.88	0.87
山东	3 381	589	138	15 742	297.38	106.63	6.96
河南	3 435	684	74	10 796	307.84	129.36	4.36
湖北	968	240	118	4 121	30.76	19.77	125.10

（续）

省份	签发数量/份	申请单位/个	作物种类/种	作物品种/个	面积/万亩	质量/万吨	株数/亿株
湖南	1 037	278	103	6 956	36.06	7.60	2.77
广东	938	159	142	6 508	36.47	0.61	63.65
广西	608	187	105	3 369	22.38	10.72	5.85
海南	1 184	578	61	7 531	16.82	3.60	0.19
重庆	865	297	105	3 935	17.34	1.76	9.43
四川	3 069	983	231	11 044	287.98	95.54	49.33
贵州	475	243	123	2 045	34.60	12.50	22.67
云南	1 058	364	121	4 771	45.51	29.61	5.00
西藏	0	0	0	0	0	0	0
陕西	834	252	90	4 512	27.26	6.43	4.63
甘肃	5 896	652	252	60 665	344.01	168.81	1.58
青海	222	29	38	270	15.02	4.46	0.02
宁夏	1 321	110	64	3 694	36.08	12.05	2.09
新疆	9 933	529	94	16 304	301.86	80.80	0.00
总计	54 760	—	—	—	3 216.90	1 161.54	386.76

　　从农作物看，稻、小麦、玉米、棉花、大豆等5种主要农作物产地检疫合格证数量占总数的41.0%，产地检疫面积和质量分别占总面积、总质量的64.5%、65.5%，其中小麦的产地检疫面积和质量远远高于其他作物，棉花的各项数据均为最低。

　　2. 调运检疫

　　2020年，各级植物检疫机构共签发农业植物、植物产品调运检疫证书294 172份，经检疫合格调运种子242.65万吨，苗木161.29亿株，其中省内调运145 442批次，种子92.16万吨，苗木 15.27 亿株，省间调运 148 730 批次，种子 150.49 万吨，苗木 146.02 亿株。

按省内、省间调运分析，从省内调运检疫情况看，1月、2月、3月、8月、9月和12月为种子签证量均高于1万份，8—12月每月种子调运质量均在8万吨以上、为调运种子高峰期；11月苗木调运量为2.68亿株、为全年最高，3月、5月、12月苗木调运量也很大。从省间调运检疫情况看，签发数量、申请单位和调运作物品种都有两个明显的峰值，1—4月和11—12月，6月为种子调运高峰期，9—12月也处于较高位。

按调运省份分析，四川、河南、贵州、广西这4个省份内调运证书签发量超过1万份，占全国的51%；河南、云南、河北、四川4省份调运种子质量占全国的45%；四川、贵州、浙江、湖北4省份调运苗木数量占全国的73%。四川、浙江、甘肃、安徽、河南5省份省间调运证书签发量占全国的47%；甘肃、四川调运作物种类较多，均超过200种，其中甘肃是调运作物品种全国唯一超过1万个的省份；甘肃、黑龙江、新疆3个省份合计调运种子质量占全国的52%；浙江的调运苗木量占全国的69%（表4-6、表4-7）。

按调运检疫作物分析，5种主要农作物签发调运检疫证书数量占总量的66%，调运种子量占71%，其中玉米的省间调运证书量、省内调运证书量、申请量都最高，棉花最低。

表4-6 2020年省内种子调运检疫分省份情况表

省份	签发数量/份	申请单位/个	作物种类/种	作物品种/个	质量/万吨	株数/亿株
北京	8	2	7	678	0.00	0.00
天津	114	14	24	1 241	0.01	0.00
河北	9 511	284	72	4 050	9.32	0.25

（续）

省份	签发数量/份	申请单位/个	作物种类/种	作物品种/个	质量/万吨	株数/亿株
山西	1 908	64	21	1 555	0.58	0.00
内蒙古	2 687	155	33	2 152	2.23	0.00
辽宁	2 255	174	67	4 721	0.74	0.27
吉林	1 920	128	37	3 247	0.58	0.01
黑龙江	1 269	68	13	1 710	2.70	0.00
上海	49	12	28	440	0.02	0.06
江苏	4 803	180	69	1 986	7.61	0.06
浙江	8 222	282	124	7 862	2.05	3.96
安徽	2 796	156	29	2 367	1.40	0.18
福建	68	11	22	1 443	0.22	0.00
江西	4 453	79	22	1 477	1.65	0.00
山东	3 239	182	45	3 858	4.13	0.23
河南	23 608	623	108	4 690	12.87	0.42
湖北	1 651	213	50	1 399	1.45	1.86
湖南	5 542	264	60	2 731	3.67	0.16
广东	1 558	84	54	1 591	0.26	0.02
广西	12 031	185	58	2 005	7.64	0.25
海南	810	27	7	3 051	0.09	0.00
重庆	5 102	270	51	1 330	1.94	0.52
四川	21 758	988	161	5 262	8.07	4.58
贵州	17 448	460	106	2 110	4.91	1.70
云南	5 692	524	100	2 412	11.01	0.40
西藏	0	0	0	0	0.00	0.00
陕西	3 774	443	94	2 579	1.32	0.23

（续）

省份	签发数量/份	申请单位/个	作物种类/种	作物品种/个	质量/万吨	株数/亿株
甘肃	907	187	96	12 159	2.20	0.06
青海	20	3	6	45	0.02	0.00
宁夏	233	34	24	603	0.31	0.05
新疆	2 006	206	56	3 836	3.27	0.01
总计	145 442.00	6 302.00	1 644.00	84 590.00	92.26	15.27

表4-7　2020年省间种子调运检疫分省份情况表

省份	签发数量/份	申请单位/个	作物种类/种	作物品种/个	质量/万吨	株数/亿株
北京	1 612	65	39	678	0.39	0.00
天津	1 190	34	43	1 241	0.11	0.00
河北	4 711	340	117	4 050	2.09	0.15
山西	2 805	128	63	1 555	0.59	0.02
内蒙古	1 395	204	35	2 152	7.41	0.01
辽宁	4 792	367	147	4 721	1.39	0.59
吉林	3 757	188	60	3 247	0.78	0.08
黑龙江	1 413	232	36	1 710	1.34	0.00
上海	484	42	97	440	0.23	0.76
江苏	1 747	215	84	1 986	3.30	1.46
浙江	18 580	597	169	7 862	1.25	118.30
安徽	10 202	308	117	2 367	13.80	6.71
福建	1 826	192	43	1 443	4.02	2.39
江西	1 720	151	55	1 477	2.03	0.38
山东	5 981	538	146	3 858	1.87	3.00

（续）

省份	签发数量 /份	申请单位 /个	作物种类 /种	作物品种 /个	质量 /万吨	株数 /亿株
河南	11 580	625	136	4 690	4.29	1.70
湖北	2 370	204	81	1 399	1.59	1.99
湖南	6 443	358	97	2 731	2.73	0.31
广东	3 547	251	113	1 591	5.36	0.26
广西	4 914	642	95	2 005	5.09	0.54
海南	1 495	469	45	3 051	3.22	0.03
重庆	2 735	196	51	1 330	2.64	0.12
四川	19 405	907	186	5 262	7.38	6.36
贵州	2 704	146	50	2 110	4.71	0.12
云南	6 289	680	123	2 412	7.55	0.25
西藏	0	0	0	0	0.00	0.00
陕西	2 810	436	106	2 579	1.62	0.26
甘肃	13 590	609	200	12 159	36.65	0.09
青海	132	22	22	45	0.67	0.00
宁夏	2 005	83	47	603	4.41	0.07
新疆	6 497	593	60	3 836	22.30	0.07
总计	148 731	9 822	2 663	84 590	150.81	146.02

（二）突出重点区域和重点对象，加强检疫监管

2020年，在农业农村部统一部署下，各级植物检疫机构针对国家级"两杂"种子生产基地、区域性良种繁育基地等重点地区，以及马铃薯、柑橘、西甜瓜等重点作物，组织开展多层次、多形式的专项检疫检查，落实基地建设单位防范植物

疫情责任，强化生产经营单位守法意识，提升植物检疫监督管理水平。

国家层面，针对海南南繁基地，农业农村部组织各省植物检疫机构和相关科研单位派员赴海南开展联合巡查，11月30日至12月31日，共计派出10个省份的50多名植物检疫员，巡查地点覆盖三亚市、乐东县、陵水县等南繁主要区域，调查面积1.2万亩，及时发现番茄溃疡病、红火蚁、假高粱、水稻细菌性条斑病等疫情点，切实提升了南繁基地产地检疫覆盖率、疑似样品检测率和零星疫情处置率。针对甘肃玉米及对外制种基地，重点在武威市凉州区、张掖市甘州区、高台县、金塔县，以及酒泉市肃州区等重点县（市、区），农业农村部组织5省份的10余名专职植物检疫员，针对茄科、葫芦科等作物制种田进行田间调查，对可疑症状植物应用快速检测试纸条，部分抽样样品送专业机构鉴定，并指导相关企业加强植物检疫预防控制和检疫除害处置。

地方层面，针对其他国家级种苗繁育基地，各相关省植物检疫机构积极行动、创新方式，落实检疫监管措施。如江苏省组织联合检查组，分赴省内5个基地国家级"两杂"种子生产基地县，针对建设单位落实植物检疫管理责任、当地植物检疫机构开展植物检疫工作、基地内企业遵守植物检疫要求等3个方面进行量化考核，发现问题和考核结果以农业农村厅名义通报当地政府，督促整改落实。安徽组织明光市等地针对水稻细菌性条斑病菌等检疫性病虫，结合绿色防控和统防统治等工作，开展药剂防效试验示范，控制检疫性有害生物扩散蔓延，确保水稻生产安全。

（三）突出重大疫情，加强疫情防控

2020年，依据"分类指导、分区治理"的总体工作思路，农业农村部印发了稻水象甲、马铃薯甲虫、柑橘黄龙病菌（亚洲种）、苹果蠹蛾、红火蚁、瓜类果斑病菌和黄瓜绿斑驳花叶病毒等7种重大植物疫情的阻截防控技术方案，指导各地开展疫情发生区综合防控和扩散前沿区阻截。在江西、广西、湖南、陕西、山东等5省份开展柑橘、苹果检疫性有害生物全程防控试验示范，在广东、广西、福建、海南、贵州等地建设红火蚁防控示范区10个，带动地方科学组织防控。

各地按照农业农村部部署，积极开展相关疫情阻截防控工作。对新传入、分布范围小的疫情，重点组织开展铲除扑灭。全年累计铲除毒麦、香蕉镰刀菌枯萎病菌4号小种等零星疫情点40个。对发生区域不广、对产业威胁较大的疫情，重点组织开展阻截防控。新疆利用较好的自然隔离条件，通过设立固定监测网点、铲除传播通道寄主植物、管控发生区产品调运等措施，牢牢将马铃薯甲虫控制在新疆北疆区域长达25年；甘肃、陕西针对残次果品调运这一高风险点，采取阻截劝返、定点加工、应急处置等措施，将苹果蠹蛾疫情阻截在甘肃兰州市以西，严防其传入黄土高原苹果优势产区。对发生范围较广的疫情，重点组织开展综合治理，降低传播风险，减轻危害损失，保护产业发展。江西、广东等省份采取清除染病植株、统一防控木虱、推广健康种苗、强化检疫监管等综合措施，初步遏制柑橘黄龙病暴发态势，产业逐步恢复；各水稻主产省份通过"秧田防控、带药移栽"等综合措施，长期将稻水象甲危害程度控制在3%以内。

1. 红火蚁防控

2020年，针对红火蚁的累计防治面积达1 051.4万亩次，对210.9万株染疫苗木开展灭杀处理，实行轮作及其他处理20.4万亩次。

阻截前沿区，包括浙江、江西、湖北、湖南、重庆、四川等长江沿线省份，这些地区红火蚁已定殖为害但分布有限。重点采取严格的检疫根除措施，保护未发生地安全，遏制疫情北扩；强化疫情发生区边缘地带监测调查，掌握红火蚁入侵和扩散动态。湖北、四川、重庆等省份组织新发生疫情地区的植物检疫机构，开展大面积普查，准确掌握疫情发生范围、程度，及时组织开展应急防控，有效延缓疫情进一步扩散危害。重点防控区，包括福建、广东、广西、海南等华南省份，以及贵州、云南等西南省份的大部，这些地区红火蚁已广泛定殖、常年发生。重点是实施综合治理，持续压低红火蚁种群密度，有效降低活蚁巢密度和工蚁密度，严格高风险物品外调，降低疫情发生对农业生产和生态环境的影响。广东、福建、海南等省采用政府购买服务方式，大力培育引导专业化灭蚁队伍，提升科学防控水平；采取大面积撒施毒饵诱杀的方式，确保已有疫情发生区普防，压低红火蚁危害等级。潜在发生区，包括上海、江苏、安徽等省份大部，以及陕西、河南南部等红火蚁适生区域，这些地区尚未发现红火蚁为害，但存在传入风险。上海、江苏、安徽等省份对监测点布局进行调整，根据风险分析和监测重点，加强绿化带、道路沿线和大型种苗、花卉、草皮交易集散地等高风险区域监测预警，对来自疫情发生区的高风险物品采取严格检疫监管，全年未发现疫情点。

各地采取的具体措施包括：一是严格检疫监管。落实产地检疫制度，在苗木、花卉、草皮等生长期间定期检查种植场地及周边环境中是否有红火蚁出现。严格调运检疫管理，严禁未经检疫的高风险物品调出。加强对公园绿化带、新建绿地、道路沿线的监测调查以及种苗花卉市场检疫检查，对新发疫情及时采用触杀性药剂浸渍或浸灌进行除害处理。二是加密监测预警。结合地理环境特点，科学全面监测红火蚁发生情况。重点明确红火蚁发生分布范围、活蚁巢数量、工蚁密度和危害程度等信息，重点关注疫情发生边缘地带红火蚁扩散动向和扩散程度，指导检疫防控工作的开展。三是开展科学防控。采用点面结合、诱杀为主的化学防治技术。对有效蚁巢密度较小、分布较分散且诱到工蚁数量较少的发生区，采用毒饵法或灌巢法进行单个蚁巢处理；对蚁巢密度较大、分布普遍，或诱到工蚁数量较多但难以发现有效蚁巢的发生区，采取普遍撒施毒饵法进行防治。在红火蚁严重发生区域，采用普遍撒施毒饵与单个蚁巢处理相结合的新二阶段处理法开展防治。

2. 柑橘黄龙病防控

2020年，累计防治面积3 339.2万亩次，销毁染疫苗木340.2万株，实行轮作及其他处理11.2万亩次。

阻截前沿区，包括柑橘木虱北移、病害扩散关键或前沿区域，包括黔东南和黔西南扩展前沿区、金沙江流域（四川、云南）阻截带。发生区，包括广东、广西（大部）、福建柑橘产区和浙南柑橘带，以及云南、海南等省份局部市（县）。未发生区，包括长江上中游（湖北秭归县以西、四川宜宾市以东，以及重庆三峡库区）、鄂西－湘西柑橘带，湖北丹江库区北缘柑橘基地、四川安岳县、内江市和云南德宏州柠檬基地等。

各地采取的具体措施包括：一是加强疫情阻截。强化预防控制，重点在金沙江中下段两岸构建长约90千米的阻截带，改种其他经济作物，阻断疫情扩散，全力保护好未发生区。在赣南－湘南－桂北和浙南－闽西－粤东等疫情发生区采取综合防治措施，控制疫情蔓延。二是加密监测预警。在柑橘优势种植区，加密布设监测网点，及时准确监测病害发生动态，及早发布预警信息。三是推进标准化生产。指导果农按标生产、规范管理，降低柑橘黄龙病的发生概率。推进老果园改造，集成推广绿色高效技术模式，打造绿色生态果园，发挥新型社会化服务组织的作用。四是推进综合防控。加快健康种苗推广。建设区域性果树良种繁育基地，提高健康种苗供给能力，努力实现优势产区健康种苗全覆盖。切实降低木虱基数。大范围推行冬季清园、夏季控梢和春秋两季木虱统防统治，减少木虱危害。及时铲除染病植株。引导农民及时发现病株、坚决砍除病株，减少黄龙病传播源。五是严格检疫监管。落实产地检疫和调运检疫制度，确保未经检疫的种苗不得出圃、不得入园，净化柑橘苗木市场。加强柑橘苗木繁育监管，对非法调运、生产、经营感染柑橘黄龙病的柑橘苗木等繁殖材料的，依法严肃处理。

上述措施在实践中取得了很好的效果，如江西赣州市、抚州市、吉安市等地在柑橘黄龙病防控关键时期，加强防控技术指导，积极推行"治虫防病""挖治管并重"的综合治理措施，全年共砍除病树274.6万株，平均病株率由最高年份2014年的19.7%下降到3.9%，基本遏制了病害扩散蔓延的势头。四川在雷波县、屏山县、叙州区和翠屏区，建立全长270公里、面积11万亩的柑橘黄龙病阻截带，开发运用"四川省柑橘黄龙病阻截带监测预警体系"，建设九里香远程监测点6个，设置果园监测点120个，及时监测柑橘黄龙病和柑橘木虱发生动态；推动阻截带区域内产业替换、木虱统防，为保护长江优势柑橘带发挥了重要作用。广西制定出台《广西壮族自治区柑橘黄龙病防控规定》，强化资金支持，压实属地责任，加强宣传培训，在柑橘主产县建立1～3个柑橘黄龙病综合防控示范区，辐射带动整体防控。

3.黄瓜绿斑驳花叶病毒和瓜类果斑病防控

2020年，累计防治面积7.4万亩次，销毁染疫种苗198万株，实行轮作及其他处理3 326亩次。

制种区，重点加强制种企业和繁育基地检疫监管覆盖率，发现疫情的采取严格的检疫除害措施，严防染疫种子种苗外运，确保供种安全。生产区，重点提高外地调入瓜类种子种苗复检率，发现疫情的，及时进行疫情溯源，查清相关种子种苗流向，对发病田块进行根除处理，实施非瓜类寄主作物轮作。

各地采取的具体措施包括：一是严格检疫监管。组织各级植物检疫机构对辖区内的制种企业、单位及个人进行调查摸底，严厉查处无证调运、不申报产地检疫私自制种等违法行为。二是加强监测调查。在瓜类作物关键生育期，组织开展疫情监测调查。全面覆盖瓜类种子种苗繁育基地、嫁接苗繁育基地和商品瓜集中种植区。三是强化种子处理。推广种子干热处理、药剂处理、温汤浸种等措施，对收获后的瓜类种子进行预防处理，降低种子染病、传病风险。四是推进科学防控。对疫情发生点采取严格的检疫根除措施，发现疫情的田块，与非葫芦科植物实行3年以上轮作；指导生产者做好农事操作过程中手和工具的消毒，防止人为交叉感染和传播。

上述措施在实践中取得了很好的效果，如宁夏对区内使用的瓜类（含砧木）种子加大抽样检测力度，植物检疫机构联合种子管理、农业执法等部门对种子经销店、种苗繁育基地生产销售的瓜类种子种苗进行现场快速检测和抽样送检，凡是市场流通的种苗，做到全覆盖抽检。染疫种子、种苗全部销毁，保护了100万亩硒砂瓜产业安全。四川下发《2020年植物疫情监测及阻截防控任务的通知》，制定黄瓜绿斑驳花叶病毒病采样及检测的方案，下发7 000余条快速检测试纸条，全年共完成试纸条检测样品6 400余个，送检疑似样品96个，确诊1个样品为阳性，及时进行了销毁处理。

4.稻水象甲防控

2020年，累计防治面积1 553.8万亩次，对300万株染疫秧苗进行除害处理，实行轮作及其他检疫处理36.9万亩次。

重点防控区，指水稻制种区和有零星疫情发生的水稻主产区，包括黑龙江、江西、重庆、四川、贵州、云南等6个省份，重点强化检疫监管和应急防控，基本扑灭零星疫情，防止疫情进一步扩散。普通防控区，指水稻非主产区和发生面积较大的水稻主产区。包括北京、天津、河北、山西、内蒙古、辽宁、吉林、浙江、安徽、福建、山东、河南、湖北、湖南、广西、陕西、宁夏、新疆等18个省份，重点是开展综合治理，推进栽培制度调整，逐步缩小发生范围。未发生区，包括上海、江苏、广东、海南等4个省份。重点是全面监测，及时发现并扑灭新出现疫情，通过检疫协同监管堵住人为传播隐患，阻截稻水象甲传入，确保水稻产区和主要制种基地生产安全。

各地采取的具体措施包括：一是加强调查监测。对所有发生区和受威胁区域进行全面监测，通过灯光诱集、田间调查，准确掌握疫情发生消长动态，确保疫情得到及时有效处置。在发生区选择有代表性的发生田，重点监测发生危害动态；在未发生区选择毗邻发生区边缘的稻区、江河、铁路和公路枢纽沿线稻田等传入风险较高区域，重点监测疫情是否传入。在水稻主产区、水稻制种基地等传入影响较大的区域，适当增加监测点数量，确保疫情及时发现、及时处置。二是推进综合防控。在化学防控方面，针对不同的防治时期和虫态，选择"拌、喷、浸、撒"施药技术，即在播种前进行拌种，成虫羽化高峰期（水稻移栽前后）喷药防控，移栽时用药液浸泡秧苗30分钟后再移栽，移栽后用颗粒剂拌土撒施。在物理防治方面，在越冬成虫回迁及危害期，利用诱虫灯诱杀成虫。在生物防治方面，在发生程度较轻的地区，采用牧鸭防虫、白僵菌及绿僵菌等生物防治措施。在农业防治方面，加强水肥管理，推行浅水栽培，通过晒田使稻田泥浆硬化，抑制幼虫危害；对发生区大田，收割后进行秋翻晒垡灭茬，铲除稻田周边杂草，破坏越冬场所。三是强化检疫监管。各级植物检疫机构开展协同监管，发生区严格应施检疫的植物、植物产品检疫监管，防治疫情随物品调运传播，未发生区加强来自发生区的稻草包装、铺垫物查验复检，必要时喷施药剂进行杀虫处理。

5.马铃薯甲虫防控

根据马铃薯甲虫发生分布和传播扩散特性，打造"东、西"两条疫情阻截防线，2020年累计防治面积7万亩次。

防控区域分为西线、东线两个区域，西线地区，包括新疆天山以北的乌鲁木齐市、昌吉州、博尔塔拉州、巴音郭楞州、伊犁州、塔城地区、阿勒泰地区、石河子市和五家渠市等。开展综合治理，逐步缩小发生范围，降低虫口密度；加强检疫监管，将马铃薯甲虫控制在木垒县以西。东线地区。包括黑龙江鸡西市、双鸭山市和牡丹江市，吉林延边州珲春市等已报告发生的市（县），及大兴安岭、黑河市、伊春市、鹤岗市、佳木斯市等其他中俄边境沿线地区。实施全面监测，及时发现并扑灭新发疫情点，集中种植诱集带并快速扑杀境外迁入虫源。

各地采取的具体措施包括：一是加密调查监测。在发生区和马铃薯主产区科学布局监测网点，及时掌握疫情发生、消长动态。5—9月，在成虫迁飞和成虫、幼虫危害期，实行定期报告制度，确保疫情早发现、早报告、早扑灭。二是铲除新发疫情。对新发、突发疫情及时组织开展应急防治，对染疫中心株及周围10米^{2}范围的植株立即喷药处理，并进行人工清除、深埋。有条件的，在疫点周边设立80千米宽的无马铃薯甲虫寄主植物的生物隔离带，防止马铃薯甲虫传出扩散。对疫点土壤深翻（20厘米）、覆膜熏蒸压土，杀死土壤中的蛹和成虫，防止马铃薯甲虫逃逸。三是推进综合防控。在化学防控方面，对疫情发生区，抓住越冬成虫出土盛期、一代和二代幼虫高峰期化学防治。生态治理方面，实行轮作倒茬，清除天仙子、刺萼龙葵等野生寄主植物，减少发生区域。在播种期，因地制宜实施地膜覆盖技术，控制越冬成虫出土。收获后，及时翻耕冬灌，降低越冬基数。在人工防控方面，利用马铃薯甲虫成虫"假死性"，在春季越冬成虫出土盛期，组织人工捕捉，并摘除有卵块的叶片；利用新疆戈壁滩自然隔离条件，人工铲除天仙子等野生寄主，防范疫情自然扩散。四是严格检疫检查。加强产地检疫和调运检疫，严格监管马铃薯种薯及产品调运。吉林、黑龙江重点加大马铃薯种薯繁育中心检疫检查力度，以及从俄罗斯滨海新区调运物品储存、运输、加工等场所周边的检疫监测，防止疫情随相关商品传播入境。

6.苹果蠹蛾防控

2020年，累计防治面积356.3万亩次，灭杀销毁340.2万株染疫苗木，实行轮作及其他检疫处理52.3万亩次。

防控区域上分为西线、东线和北线。西线地区，包括新疆全境、甘肃兰州市以西地区。东线地区，包括黑龙江哈尔滨市以东地区，吉林延边州，辽宁鞍山市、葫芦岛市和大连市，北京平谷区，天津蓟州区和河北承德市等地区。北线地区，包括内蒙古鄂尔多斯市、乌海市、阿拉善盟、包头市，宁夏中卫市、吴忠市等地区。

各地采取的具体措施包括：一是加密监测预警。全面监测苹果、梨、杏、沙果等果园，及时掌握疫情发生、消长动态，确保疫情早发现、早报告、早处置。普遍发生区重点监测有代表性的果园和边缘区；零星发生区重点监测疫情发生点周边15千米范围内的果园，果汁加工厂内及周边果园；受威胁地区重点监测城镇、大中型水果交易市场或集散地周边果园，以及机场、铁路、道路两侧的果园。二是实施综合防控。在农业防治方面，推广冬季清园措施，刮除果树主干分叉以下的粗皮、翘皮，用石灰涂白剂涂白果树主干和大枝，结合树干绑缚布带、稻草等诱集越冬幼虫，消灭越冬幼虫；清除果园中废弃包装箱、杂草灌木丛等可能为苹果蠹蛾提供越冬场所的物品。在物理防治方面，4月至9月，在果园内设置杀虫灯诱杀苹果蠹蛾成虫；

对不连片的果园，采用性信息素和专用诱捕器诱杀成虫；对连片大面积果园，布设性信息素散发器进行迷向防治，干扰成虫交配，降低种群数量。在化学防治方面，在苹果蠹蛾卵孵化至初龄幼虫蛀果前开展化学防治，蛀果率5%以上的地区每年化学防治4～5次，蛀果率2%～5%的地区防治2～3次，蛀果率2%以下的地区防治1～2次。废弃果园管理方面，对无人管理疫情重发果园和无人防治的房前屋后果树，在果实膨大中前期全部摘除并集中销毁。三是强化检疫监管。严禁发生区果品违规调运。严格控制疫情发生区残次果、虫落果销往未发生区，特殊情况必须经过检疫处理合格后，按指定的运输路线运到指定加工厂加工，发现携带疫情的，进行灭虫、运返原地或销毁处理。

第五章
农药与药械应用

▎一、新有效成分农药试验

全国农业技术推广服务中心组织全国植保系统继续做好新有效成分的农药田间药效试验，全面了解和掌握新登记的农药产品特性和使用技术，为持续推进农作物病虫害抗药性治理和农药使用减量化，提高病虫害科学防控技术水平发挥了重要作用。2020年，共试验示范新农药有效成分24个，其中杀虫剂5个，杀菌剂6个，除草剂7个，植调剂3个，种子处理剂3个。试验示范作物涉及水稻、小麦、玉米、大豆、马铃薯、花生、黄瓜、番茄、柑橘、苹果、茶叶、蔬菜等。

（一）杀虫剂

针对稻纵卷叶螟、二化螟、稻飞虱等重大水稻害虫，全国农业技术推广服务中心在江苏、安徽开展四唑虫酰胺防治稻纵卷叶螟、二化螟试验，防治效果85%以上；在江西、浙江、湖南进行乙基多杀菌素防治二化螟试验，对枯心和枯鞘防治效果85%～95%。针对新入侵的突发迁飞性害虫草地贪夜蛾，在云南进行乙基多杀菌素防治草地贪夜蛾试验，7天防治效果达95%

以上；在广西试验氯虫苯甲酰胺拌种防治玉米草地贪夜蛾，14天保苗率在81%以上。在新疆、山东开展双丙环虫酯防治棉蚜田间药效试验，防治效果都在90%以上。以上杀虫剂对各试验作物没有出现药害现象，可以大面积示范推广。

（二）杀菌剂

针对小麦条锈病、赤霉病等重大小麦病害，全国农业技术推广服务中心在江苏、安徽、山东等5省份开展氯氟醚菌唑防治小麦条锈病、氟唑菌酰羟胺防治小麦赤霉病田间药效试验，防治效果都在85%以上。针对稻瘟病等水稻重要病害，在广东、黑龙江、吉林、江西试验22%春雷·三环唑悬浮剂防治水稻稻瘟病，对叶瘟的防治效果60.3%～98.8%，对穗瘟的防治效果为76.09%～100%；在安徽、重庆、浙江、广东试验47%春雷·王铜可湿性粉剂防治水稻稻曲病、细条病，防治效果分别为79%～91%和64%～86%。在江西、湖南等地，试验47%和50%春雷·王铜可湿性粉剂防治柑橘溃疡病，防治效果62%～91%。以上杀菌剂对各试验作物没有出现药害现象，可大面积示范推广。

（三）除草剂

针对稻田杂草，全国农业技术推广服务中心在黑龙江、江苏、湖南等9省开展氯氟吡啶酯、氟酮磺草胺、噁唑酰草胺田间药效试验，除草效果都在85%以上。针对麦田杂草，在河南、山东、安徽等6省份开展吡氟酰草胺、氟噻草胺、砜吡草唑土壤封闭除草田间试验，除草效果都在80%以上。针对玉米田杂草，在内蒙古、黑龙江、辽宁等开展环苯草酮田间药效试验，除草效果都在85%以上。以上除草剂对各试验作物没有出现药害现象，可大面积示范推广。

（四）植物生长调节剂

全国农业技术推广服务中心在黑龙江、贵州、河南、山东、山东、四川等地开展了0.5%噻苯隆可溶性液剂试验，在水稻、辣椒、大豆、苹果、猕猴桃上增产率分别为19%、21%～23%、23%、23%、24%。在河南、吉林、黑龙江、江苏、内蒙古开展了5%调环酸钙水分散粒剂试验，在小麦、玉米、水稻、大豆上的增产率分别为18%～27%、16%～35%、8%～25%、26%。在甘肃、黑龙江、吉林、辽宁、浙江、河北等地开展了水溶性硅试验，在玉米、水稻、小麦、人参上的增产率分别为8.98%、4.5%～18%、9.6%～14%、16%。以上植物生长调节剂对各试验作物没有出现药害现象，可大面积示范推广。

（五）种子处理剂

针对小麦蚜虫和纹枯病，全国农业技术推广服务中心在山东、河南、安徽等5省份开展27%苯醚·咯·噻虫悬浮种衣剂、12%吡唑醚菌酯·灭菌唑悬浮种衣剂药剂拌种试验，在小麦返青期防治效果都在85%以上。针对水稻苗瘟，在江苏、安徽、浙江等6省份开展24.1%异噻菌胺·肟菌酯悬浮种衣剂药剂拌种试验，药后30～40天防治效果都在90%以上。以上种衣剂对各试验作物均没有出现药害现象，可大面积示范推广。

二、农药械及使用技术示范推广

以生物农药、植物免疫诱导剂、植物健康产品、纳米农药等为重点，全国农业技术推广服务中心组织高效低毒低风险农药品种示范151个，筛选出一批环境友好型绿色农药品种。建立新农药、新技术集成展示示范区391个，重点集成推广病虫草害综合解决方案和安全用药技术。

（一）草地贪夜蛾防治药剂筛选推荐

在总结2019年农药使用效果和试验的基础上，全国农业技术推广服务中心研究提出了2020年草地贪夜蛾应急防控推荐药剂名单，药剂品种由2019年的25个调整到今年的28个。制定了草地贪夜蛾防控药剂的科学使用和不同区域的轮换用药方案，下发了《草地贪夜蛾防控药剂科学使用指导意见》。开展草地贪夜蛾药剂试验23个，筛选和验证防控效果，为草地贪夜蛾有效防控做好药剂准备（表5-1）。

表5-1　防治草地贪夜蛾推荐用药使用量及使用时期

类别	药剂品种	亩有效成分量	使用时期	备注
A类 甲氨基阿维菌素及其混剂	甲氨基阿维菌素苯甲酸盐	1克	低龄幼虫期	
	甲维·氟铃脲	1.5克	幼虫期	
	甲维·高效氯氟氰菊酯	2.4克	幼虫期	
	甲维·虫螨腈	2.5克	幼虫期	
	甲维·虱螨脲	3克	卵至低龄幼虫期	
	甲维·甲氧虫酰肼	4克	低龄幼虫期	
	甲维·虫酰肼	1.5克	低龄幼虫期	
	甲维·杀铃脲	6克	低龄幼虫期	
	甲维·茚虫威	3克	幼虫期	安全间隔期21天
	甲维·氟苯虫酰胺	1.8克	幼虫期	
B类 双酰胺类及其混剂	四氯虫酰胺	4克	低龄幼虫期	
	氯虫苯甲酰胺	3克	幼虫期	
	氟苯虫酰胺	2.5克	低龄幼虫期	
	氯虫·高效氯氟氰菊酯	4克	幼虫期	
	氯虫·阿维菌素	3克	幼虫期	

（续）

类别	药剂品种	亩有效成分量	使用时期	备注
C类 乙基多杀菌素 等其他化学药 剂及其混剂	乙基多杀菌素	2.5克	低龄幼虫期	
	虱螨脲	2.5克	卵至低龄幼虫期	可杀卵
	虫螨腈	5克	幼虫期	
	茚虫威	2克	幼虫期	安全间隔期21天
	除虫脲·高效氯氟氰菊酯	5克	低龄幼虫期	
	氟铃脲·茚虫威	9克	低龄幼虫期	
	甲氧虫酰肼·茚虫威	10克	低龄幼虫期	
D类 微生物农药	甘蓝夜蛾核型多角体病毒	2.4千亿PIB	低龄幼虫期	
	短稳杆菌	12千亿孢子	低龄幼虫期	
	苏云金杆菌	24亿IU	低龄幼虫期	
	金龟子绿僵菌	4.8千亿孢子	低龄幼虫期	
	球孢白僵菌	8千亿孢子	低龄幼虫期	

（二）粮食作物全生育期病虫害综合解决方案推广

1.水稻全生育期轻简化施药技术

在江苏、安徽、湖南等长江中下游6省份建立了水稻农药减量增效技术集成万亩示范区，探索水稻全生育期轻简化施药技术。根据水稻生产和病虫害发生的特点，重点针对稻蓟马、二化螟、稻纵卷叶螟、稻飞虱（褐飞虱、白背飞虱）、纹枯病、稻瘟病、稻曲病，主抓播种前、移栽前和破口前三个关键环节的预防性用药，辅以其他时期的达标防治，实现有效控制水稻病虫危害，促进水稻健康生长（表5-2）。

表5-2　水稻全生育期综合解决技术示范用药方案

处理	种子处理（播种前）/（毫升/100千克种子）	秧苗处理（移栽前）	杂草防控	破口前保穗用药	面积/亩
1	25%噻虫嗪·精甲霜灵·咯菌腈FS 700毫升	6%吡蚜酮·氯虫GR 700克+9%噻呋酰胺·三环唑GR 700克	如果机插秧田，插秧时同步喷施30%丙草胺EC 120毫升/亩，在水稻移栽返青后5～10天，稗草1叶期，根据草情，选择是否撒施0.025%五氟磺草胺GR 8～10千克/亩；如果手工移栽田，在水稻移栽返青后5～10天，稗草1叶期，撒施0.025%五氟磺草胺GR 8～10千克/亩	20%烯肟·戊唑醇SC 60毫升/亩	10
2	18%噻虫胺FS 600毫升+嗜硫小红卵菌1 000毫升	6%吡蚜酮·氯虫GR 700克+嗜硫小红卵菌100倍稀释液		嗜硫小红卵菌HNI-1 200倍稀释液	5
3	60%吡虫啉FS 400毫升+24.1%异噻菌胺·肟菌酯FS 2 000毫升	40%氯虫·噻虫嗪WG 10×A克		325克/升嘧菌酯·苯醚甲环唑SC 40毫升/亩	10
4	30%噻虫嗪FS 300毫升+62.5g/L精甲·咯菌腈FS 400毫升	200克/升氯虫苯甲酰胺SC 10×A毫升（移入大田后，如需要防治稻飞虱喷施25%吡蚜酮WP 25克/亩）		9%吡唑醚菌酯CS 60毫升/亩	10
5	22%噻虫·咯菌腈FS 700毫升	1%氯虫苯甲酰胺GR 200×A克（移入大田后，如需要防治稻飞虱喷施25%吡蚜酮WP 25克/亩）		75%肟菌·戊唑醇WG 20克/亩	10
6	1～2个当地常规处理				5
CK	-		不用药对照		0.1

示范效果：水稻全生育期综合解决技术示范用药方案，与常规用药方案相比，主要有以下成效。一是水稻全生育期减少施药1～2次；二是降低化学农药使用量30%以上；三是节省劳动力投入，移栽大田后30～50天不用施药；四是稻田前期天敌重建速度提高1倍以上，有益生物如蜘蛛、瓢虫比常规用药方案区明显增多，自然控害能力明显增强；五是实现稻农每亩节本增收120元以上，经济、生态、社会效益显著。

2. 小麦全生育期轻简化施药技术

全国农业技术推广服务中心在河南、山东建立了小麦农药减量增效技术集成万亩示范区，探索小麦全生育期轻简化施药技术。依据小麦病虫害发生特点，在因地制宜采取实用的非化学防控技术增强麦田系统生态多样性、降低病虫草害发生程度和灾变频率的基础上，重点针对纹枯病、条锈病、赤霉病、茎基腐病、蚜虫、杂草等病虫草害，主抓药剂拌种、冬前除草、穗期"一喷三防"等技术，有效控制小麦病虫危害，促进小麦健康生长，提高小麦质量安全水平（表5-3）。

表5-3　小麦全生育期综合解决技术示范用药方案

处理	播种期/克/100千克种子	冬前分蘖期至返青起身期	拔节期	抽穗开花至灌浆期	处理面积/亩	备注
1	27%苯醚甲环唑·咯菌腈·噻虫嗪FS 300克/100千克种子	50%吡氟酰草胺WP 20g/亩+40%砜吡草唑SC25毫升/亩（土壤喷雾）；30克/升甲基二磺隆OD30毫升/亩+伴宝助剂90毫升/亩（茎叶喷雾）	30%苯甲·丙环唑EC 20毫升/亩	200g/L氟唑菌酰羟胺SC60毫升+40毫升伴侣+22%噻虫·高氯氟SC20毫升/亩	50	返青起身至收获期蚜虫防治，可根据蚜虫发生情况，达防治指标时才用药

（续）

处理	播种期/克/100千克种子	冬前分蘖期至返青起身期	拔节期	抽穗开花至灌浆期	处理面积/亩	备注
2	31.9%戊唑醇·吡虫啉FS 500克/100千克种子		400克/升氯氟醚·吡唑酯SC50毫升/亩	20%氰烯·己唑醇SC140毫升/亩+70%吡虫啉WG3克	50	
3	11%吡唑醚菌酯·灭菌唑FS 60毫升/100千克种子+600克/升噻虫胺·吡虫啉FS 200克/100千克种子	当地常规处理	430克/升戊唑醇SC 20毫升/亩	30%肟菌·戊唑醇SC 40毫升/亩+70%吡虫啉WG3克	50	返青起身至收获期蚜虫防治，可根据蚜虫发生情况，达防治指标时才用药
4	25%氰烯菌酯SC100毫升/100千克种子+600克/升吡虫啉FS 500克/100千克种子		125克/升氟环唑SC 40毫升/亩	20%氰烯·己唑醇SC140毫升/亩+22%噻虫·高氯氟SC 20毫升/亩	50	
5	1～2个当地常规处理				10	
6	不用药对照				0.1	

示范效果：小麦全生育期综合解决技术示范用药方案，与常规用药方案相比，主要有以下成效。一是小麦全生育期减少施药1次；二是降低化学农药使用量30%以上；三是病虫草害防治效果在85%以上；四是有益生物如蜘蛛、瓢虫比常规用药方案区明显增多，自然控害能力明显增强；五是实现每亩节本增收80元以上，经济、生态、社会效益显著。

（三）植保机械与施药技术示范推广

1.农机农艺融合与标准化作业试验示范

全国农业技术推广服务中心在河南、江苏等6个省份安排喷杆喷雾机全程防治小麦、水稻病虫害和标准化作业试验示范。为保证喷杆喷雾机田间正常行走，减少对植株的碾压，根据喷杆喷雾机轮距内外径，采用宽窄行种植，留出植保机械作业道路。结果表明，通过农机与农艺融合，在防治病虫害时，地面自走式喷雾机能够自如地在田间进行喷洒作业，水稻田压苗率为0.58%左右，小麦田压苗率为0.45%左右，对产量影响较低，在农户可接受范围。同时，为改变传统地面机械每亩喷施30升药液量的施药技术模式，组织开展了每亩喷施10升药液量的标准化作业试验示范。结果表明，在每亩药液量10升情况下，雾滴在植株上、中、下部位的雾滴分布均匀度和防治效果与每亩药液量30升无显著差异，但作业效率提高近2倍。通过调整优化种植模式，实现农机与农艺融合，能够充分发挥地面自走式喷杆喷雾机喷雾均匀、防治效果好的优势。通过每亩喷施10升药液量的标准化作业，能有效控制病虫对作物的危害，显著减少药液流失量，大幅提高了地面喷杆喷雾机的作业效率，也提高了农药利用率，达到减量控害的效果。

2.植保无人机飞防联合测试

为系统试验植保无人机和飞防药剂、助剂集成使用技术，在有效降低飘移风险和防控病虫害的前提下，筛选最佳作业参数、施药条件和药剂助剂组合。2020年，全国农业技术推广服务中心在吉林、黑龙江等5省份组织开展6种植保无人机、24种制剂、8种助剂防治水稻、茶叶、柑橘病虫害试验探究。试验结果表明，与传统背负式施药机械相比，添加飞防助剂后，农药雾滴在植物叶片上的分布密度和药液沉积量显著增加，农药利用率提高，在相同的防治效果下可实现农药用量减少10%～20%。试验中筛选的作业参数组合，为无人机施药作业标准制定和施药技术推广提供了的数据支撑。在四川蒲江县、广西桂林市等地组织建立植保无人机飞防联合测试基地6个，为植保机械化水平的提高和农药使用量零增长目标的实现发挥了积极作用。

3.农药利用率测试

为系统评价近年来我国植保机械的进步、农药制剂助剂的发展、施药技术水平的提高等，2020年，全国农业技术推广服务中心联合中国农业科学院在河北、吉林等8省开展水稻、小麦、玉米等三大粮食作物的农药利用率测试，并在全国各省组织做好植保机械使用情况、专业化统防统治面积等重要参数采集。测试结果表明，2020年我国水稻、小麦、玉米等三大粮食作物的农药利用率为40.6%，比2019年提高0.8个百分点，比2015年提高4.0个百分点，其中水稻、小麦、玉米的农药利用率分别为41.1%、40.1%、40.7%；使用植保无人机、大型喷杆喷雾机等现代施药机械的防治面积占比继续提高，分别达到28%、50%，背负式手（电）动喷雾器械占比继续下降至14%，表明我国的植保机械逐步迈向现代化，广大种植农户的施药水平进一步提升。

（四）科学安全用药培训

2020年，全国农业技术推广服务中心组织全国植保系统，联合3家农药行业协会和近百家农药械企业，共同开展科学安全用药培训活动。在河南许昌市举办全国科学安全使用农药培训活动启动仪式。在组织方式上，做好顶层设计，整合各方力量，统筹多方资源，突出培训公益性，形成全国一盘棋培训大格局。制定《2020年百万农民科学安全用药活动实施方案》，统一采用"科学安全用药大讲堂"会标和"科学·安全·用药"标识，采用"1+8+N"的方式开展，即组织1场全国启动仪式、8场主题培训、百场骨干培训、万场乡村培训。为了克服新冠肺炎疫情影响，开启科学安全用药空中大讲堂，及时将安全用药技术传递到基层。在实施方式上，实行分类、分级、分层组织培训，组织培训"百"名科学安全用药指导师，"千"名科学安全用药培训师，"万"名县级科学安全用药指导员，"十万名"乡级专业施药员，"百万名"村级农药施药者。据统计数据，2020年共组织科学安全用药线下培训6.8万场，培训586万人次；线上培训6 700多场次，培训人数约988万人次。编辑并印发《科学安全使用农药挂图》300多万份，广泛宣传科学安全用药理念，得到农民群众和社会各界的广泛好评。通过培训，扩大科学安全用药公益培训的影响力和感染力，让科学安全用药意识深入民心，助力农业绿色发展。

（五）农药包装废弃物回收处理

经过积极探索，2020年我国的农药包装废弃物回收处理工作取得积极成效，全年累计回收农药包装废弃物2.87万吨、处理2.27万吨，各地乱丢乱弃农药包装废弃物的现象明显减少，回收率稳步提高，有助于农村生态环境持续改善。一是法规制度进一步健全。农业农村部联合生态环境部制定的《农药包装废弃物回收处理管理办法》（农业农村部、生态环境部令2020年第6号）自2020年10月1日施行，该《办法》进一步规范了农药包装废弃物的回收处理活动，为各省份做好回收处理体系建设、监督管理等指明了方向。二是长效回收机制进一步完善。农业农村部在黑龙江、广东分别建立农药包装废弃物回收试验区，探索形成"替—统—洗—收"的回收模式，即"农药大包装替代小包装、开展病虫害统防统治、农药包装物3次涮洗、集中回收返厂再利用",试验区包装废弃物产生量减少72吨、降幅约96%,大幅度降低了后续回收处理压力,形成了可复制、可推广的长效回收机制,为后续工作打下坚实基础。三是回收处理工作进一步落实。农业农村部举办农药包装废弃物回收处理培训班2期,对省级农业农村部门相关人员开展专题培训,并多次派员参加各省份组织的培训活动,宣讲《办法》、解读政策,推动各地回收处理工作落地落实。同时,全国有10多个省份出台回收处理指导意见或实施方案,规范回收处理行为。

各省份按照《办法》和农业农村部要求,因地制宜开展农药包装废弃物回收处理工作试点,探索形成一批具有地方特色的回收处理模式。如上海建立了完善的回收处理体系,形成生产基地—村级—镇级—区级全覆盖的回收网络,并将回收情况纳入区级"三农"工作考核,2020年全市农药包装废弃物回收率实现100%。黑龙江对包装废弃物回收处理工作开展较好的县份予以奖补支持共计1 000万元,通过项目示范推广农药瓶简易清洗设备2 400套、建设集中配药服务站22个,全省对1 724.8吨农药包装废弃物进行资源化利用,占回收总量的41.6%。广东在全部蔬菜重点县和30%产粮(油)大县开展农药包装废弃物回收试点,并积极推进回收信息化平台建设,探索形成多种长效回收解决方案。

三、病虫草害抗药性监测治理

2020年,全国农业技术推广服务中心联合科研、教学系统有关单位,组织北京、河北、山西等24个省份的100个抗药性监测点,分别对稻飞虱、水稻二化螟、麦蚜、小麦赤霉病、烟粉虱、稻(麦)田杂草等24种重大病虫草的抗药性进行了监测,对应药剂包括田间常用的45个农药品种。

（一）水稻有害生物的抗药性

1.褐飞虱

监测地区褐飞虱种群对第一代新烟碱类药剂吡虫啉处于高水平抗性（抗性倍数大于2 500倍），对烯啶虫胺处于低至中等水平抗性（抗性倍数8.0～62倍），对第二代新烟碱类药剂噻虫嗪处于高水平抗性（抗性倍数大于300倍），对第三代新烟碱类药剂呋虫胺处于中等至高水平抗性（抗性倍数11～548倍）；对砜亚胺类药剂氟啶虫胺腈处于低至中等水平抗性（抗性倍数8.8～35倍）；对介离子类药剂三氟苯嘧啶处于敏感状态；对昆虫生长调节剂类药剂噻嗪酮处于高水平抗性（抗性倍数大于500倍）；对有机磷类药剂毒死蜱处于低至中等水平抗性（抗性倍数8.6～40倍）；对吡啶甲亚胺类药剂吡蚜酮处于中等水平以上抗性（抗性倍数大于40倍）。与2019年监测结果相比，褐飞虱对吡蚜酮抗性倍数有所增加，其他药剂抗性倍数总体变化不大。据有关省植保站反映，由于吡蚜酮作为防治褐飞虱主打药剂连续多年使用，使用量（按有效成分计算）已从6克提升到10克，田间防治效果仍下降到80%左右。针对褐飞虱对吡虫啉、噻虫嗪、噻嗪酮均已产生高水平抗性，在褐飞虱迁出区和迁入区之间，同一地区的上下代之间，应交替、轮换使用不同作用机制、无交互抗性的杀虫剂，避免连续、单一用药，严格限制吡蚜酮、呋虫胺、三氟苯嘧啶、烯啶虫胺防治褐飞虱的使用次数。

2.白背飞虱

监测地区白背飞虱种群对昆虫生长调节剂类药剂噻嗪酮处于中等至高水平抗性（抗性倍数50～184倍），对有机磷类药剂毒死蜱处于中等水平抗性（抗性倍数16～78倍），对新烟碱类药剂吡虫啉、噻虫嗪、呋虫胺处于敏感至中等水平抗性（对吡虫啉抗性倍数1.8～15.0倍、对噻虫嗪抗性倍数1.0～10.0倍、对呋虫胺抗性倍数 1.0 ～ 11.0 倍）。与 2019 年监测结果相比，白背飞虱对以上药剂抗性倍数总体变化不大。鉴于白背飞虱和褐飞虱通常混合发生，且目前褐飞虱已对噻嗪酮产生高水平抗性，各稻区应用暂停使用噻嗪酮防治白背飞虱，延缓抗药性继续发展。考虑到新烟碱类药剂对白背飞虱的毒力依然很高，当田间稻飞虱种群以白背飞虱为主时，可使用噻虫嗪、呋虫胺、氟啶虫胺腈、三氟苯嘧啶等药剂防治白背飞虱。

3. 灰飞虱

监测地区灰飞虱种群对新烟碱类药剂噻虫嗪、烯啶虫胺，以及吡啶甲亚胺类药剂吡蚜酮等药剂处于敏感状态；对有机磷类药剂毒死蜱处于中等水平抗性（抗性倍数 20 ～ 29 倍）。与 2019 年监测结果相比，灰飞虱对以上药剂抗性倍数总体变化不大。在灰飞虱产生抗药性地区，严格限制毒死蜱使用次数，轮换使用烯啶虫胺、吡蚜酮等不同作用机理药剂防治灰飞虱；在水稻生长后期，当灰飞虱与褐飞虱混合发生时，不宜使用噻虫嗪进行防治。

4. 稻纵卷叶螟

监测地区稻纵卷叶螟种群对双酰胺类药剂氯虫苯甲酰胺处于敏感至低水平抗性（抗性倍数 1.6 ～ 7.8 倍），对大环内酯类药剂阿维菌素处于敏感至低水平抗性（抗性倍数 2.5 ～ 10.0 倍）。与 2019 年监测结果相比，稻纵卷叶螟对以上药剂抗性倍数总体变化不大。在稻纵卷叶螟防治过程中，迁出区和迁入区之间，同一地区的上下代之间，应交替、轮换使用氯虫苯甲酰胺、甲氨基阿维菌素苯甲酸盐、多杀霉素等不同作用机制、无交互抗性的杀虫剂，避免连续、单一用药。

5. 二化螟

浙江东部沿海地区、安徽沿江地区、江西环鄱阳湖地区、湖南中南部地区二化螟种群对双酰胺类药剂氯虫苯甲酰胺处于高水平抗性（抗性倍数312～2 060倍）；湖北部分稻区二化螟种群对氯虫苯甲酰胺处于中等水平抗性（抗性倍数11～28倍）；江苏、四川二化螟种群对氯虫苯甲酰胺处于敏感状态。与2019年监测结果相比，安徽、湖北部分稻区二化螟种群对氯虫苯甲酰胺抗性倍数增加3～10倍。

浙江东部沿海地区、江西环鄱阳湖地区、湖南中南部地区二化螟种群对大环内酯类药剂阿维菌素处于中等至高水平抗性（抗性倍数20～143倍）；江苏、安徽、湖北、四川等省份二化螟种群对阿维菌素处于敏感至低水平抗性（抗性倍数1.0～7.4倍）。与2019年监测结果相比，江西、湖南二化螟种群对阿维菌素抗性倍数增加3～10倍。

浙江、江西、湖南大部分稻区二化螟种群对有机磷类药剂三唑磷、毒死蜱处于中等至高水平抗性（对三唑磷抗性倍数31～153倍，对毒死蜱抗性倍数12～45倍）；安徽、湖北、四川二化螟种群对三唑磷、毒死蜱处于敏感至低水平抗性（对三唑磷抗性倍数1.5～6.6倍，对毒死蜱抗性倍数2.1～5.6倍）。与2019年监测结果相比，二化螟对有机磷类药剂抗性倍数总体变化不大。

二化螟对杀虫剂抗性具有明显的地域性，其中浙江、安徽、江西、湖南等省份大部分稻区二化螟种群对氯虫苯甲酰胺处于高水平抗性，对阿维菌素、三唑磷处于中等至高水平抗性，对毒死蜱处于中等水平抗性。因此二化螟抗性治理要采取分区治理措施，在高水平抗性地区停止使用氯虫苯甲酰胺、阿维菌素、三唑磷，在中等水平抗性以下地区继续限制氯虫苯甲酰胺、阿维菌素、三唑磷、毒死蜱等药剂使用次数，轮换使用乙基多杀菌素、双酰肼类药剂，避免二化螟连续多个世代接触同一作用机理的药剂。同时，为应对二化螟抗药性问题，在采取低茬收割、深水灭蛹、性诱控杀等非化学防控措施的基础上，改变施药方式，采用秧苗药剂处理技术来早期防控二化螟，减少大田期施药次数和农药使用量。

6.稻瘟病

从辽宁、浙江、安徽等5省份的8个县市采集的水稻病样上随机分离纯化共获得203株稻瘟病菌菌株。经抗药性检测，从来自辽宁、浙江的菌株中发现5株菌株对吡唑醚菌酯产生抗性，7株菌株对嘧菌酯产生抗性，抗性频率均小于4%。

稻瘟病菌已对甲氧基丙烯酸酯类药剂产生零星的抗性，生产中使用甲氧基丙烯酸酯类药剂防治水稻稻瘟病时，注意与稻瘟灵、三环唑、咪鲜胺等其他不同作用机理的杀菌剂交替、轮换使用，延缓抗药性发展。

7.水稻恶苗病

从辽宁、黑龙江、安徽等5省份的6个县（市、区）采集的水稻病样上随机分离纯化共得到273株水稻恶苗病菌菌株。经抗药性检测，发现177株恶苗病菌对氰烯菌酯产生抗性，其中黑龙江、江苏、安徽抗性菌株占比最高，抗性频率都大于50%，且检测到高抗菌株；辽宁、浙江也发现有较高频率的抗性菌株存在，抗性频率为33.3%～39.8%。结果表明，抗氰烯菌酯的水稻恶苗病菌在我国处于发展和蔓延态势，特别是黑龙江、安徽的部分稻区恶苗病菌种群已对氰烯菌酯产生了高水平抗性。

在氰烯菌酯抗性严重的地区停止使用氰烯菌酯及其复配药剂；在其他地区，注意氰烯菌酯与戊唑醇、咪鲜胺等三唑类、琥珀酸脱氢酶抑制剂类或咯菌腈等其他不同作用机理的杀菌剂混配或轮换使用，延缓抗药性发展。此外，需注意从无病地区引种，尽量避免种子带菌。

8.稻田杂草

（1）稗草。从辽宁、江苏、湖南等9省份的40个县（市、区）稻田中采集得到230个稗草种群，经抗药性检测，对二氯喹啉酸抗性频率为85.7%，其中104个种群抗性指数大于10倍，占监测总种群45.2%；江西、黑龙江、安徽高水平抗性比例都超过50%，其中江西高水平抗性比例最高，为65.5%。与2019年监测结果相比，稗草对二氯喹啉酸抗性指数总体变化不大。从辽宁、江苏、湖南等9省份的40个县（市、区）稻田中采集得到231个稗草种群，经抗药性检测，对五氟磺草胺抗性频率为77.9%，其中91个种群抗性指数大于10倍，占监测总种群39.4%；黑龙江、安徽、江西高水平抗性比例都超过50%，其中黑龙江高水平抗性比例最高，为55.6%。与2019年监测结果相比，稗草对五氟磺草胺抗性指数总体变化不大。从辽宁、江苏、湖南等9省份的40个县（市、区）稻田中采集得到235个稗草种群，经抗药性检测，对氰氟草酯抗性频率为51.9%，其中27个种群抗性指数大于10倍，占监测总种群11.5%；黑龙江、辽宁、浙江、安徽、江西高水平抗性比例都超过10%，其中黑龙江高水平抗性比例最高，为24.4%。与2019年监测结果相比，稗草对氰氟草酯抗性指数总体变化不大。从辽宁、江苏、湖南等6省份的24个县（市、区）稻田中采集得到97个稗草种群，经抗药性检测，对噁唑酰草胺抗性频率为42.3%，其中3个种群抗性指数大于10倍，占监测总种群3.1%；从黑龙江、吉林稗草种群样本中检测到高水平抗性种群，抗性比例分别为4.9%、9.1%。与2019年监测结果相比，稗草对噁唑酰草胺抗性指数总体变化不大。

（2）千金子。从吉林、江苏、湖南等7省份的23个县（市、区）稻田中采集得到100个千金子种群，经抗药性检测，对氰氟草酯抗性频率为34.0%，其中7个种群抗性指数大于10倍，占监测总种群7.0%；从吉林、浙江、安徽千金子种群样本中检测到高水平抗性种群。与2019年监测结果相比，稗草对氰氟草酯抗性指数总体变化不大。

鉴于黑龙江、安徽、江西大部分稻区稗草种群对五氟磺草胺、二氯喹啉酸抗性频率较高，在高水平抗性地区停止使用五氟磺草胺、二氯喹啉酸；加强氰氟草酯科学使用指导，推荐稗草2～3叶期用药，杜绝晚用药的错误习惯，一季水稻只使用1次，严格按标签推荐剂量使用，延缓抗药性发展。

（二）小麦有害生物的抗药性

1.麦蚜

目前监测地区荻草谷网蚜种群对吡虫啉处于低至高水平抗性（抗性倍数6.5～166.0倍），其中安徽宿州市和山东滕州市种群处于高水平抗性，抗性倍数大于166倍；对氟啶虫胺腈处于敏感至中等水平抗性（抗性倍数1.9～40.0倍），其中安徽合肥市、安徽宿州市、江苏扬州市、湖北襄阳市和山东滕州市种群处于中等水平抗性（抗性倍数13～40倍）；对拟除虫菊酯类高效氯氰菊酯处于敏感至低水平抗性（抗性倍数2.0～5.6倍）；对抗蚜威、啶虫脒处于敏感状态。与2019年监测结果相比，荻草谷网蚜对吡虫啉抗性倍数增加3～8倍。

目前监测地区禾谷缢管蚜种群对氟啶虫胺腈处于敏感至中等水平抗性（抗性倍数为2～11倍），其中陕西咸阳市、安徽合肥市和北京房山区种群处于低水平抗性（抗性倍数6.1～9.1倍），河南驻马店市种群处于中等水平抗性，抗性倍数为11倍；对新烟碱类吡虫啉、啶虫脒，氨基甲酸酯类抗蚜威、拟除虫菊酯类高效氯氰菊酯等药剂均处于敏感状态。与2019年监测结果相比，禾谷缢管蚜对以上药剂抗性倍数总体变化不大。

在麦蚜产生抗药性地区，严格限制吡虫啉、氟啶虫胺腈使用次数，轮换使用抗蚜威、高效氯氰菊酯等不同作用机理药剂防治麦蚜，延缓抗药性发展。

2.小麦赤霉病

从江苏、安徽、河南、山东的58个县（市、区）采集的稻桩或小麦病穗上随机分离纯化共得到5 160株小麦赤霉病菌菌株，经抗药性检测，对多菌灵具有抗性的菌株1 468株，其中江苏抗性菌株占比最高，抗性频率分别为44.1%；安徽、河南、山东菌株抗性频率在5.1%～13.3%；对戊唑醇具有抗性的菌株108株，安徽、河南检测到有抗性菌株，抗性频率分别为0.4%、12.3%；没有检测到对咪鲜胺、丙硫菌唑产生抗性的菌株；没有检测到对氰烯菌酯、氟唑菌酰羟胺产生抗性的菌株。

在多菌灵抗性严重的地区（抗性频率大于10%）停止使用多菌灵及其复配药剂，提倡轮换使用氰烯菌酯、氟唑菌酰羟胺、丙硫菌唑、戊唑醇等不同作用机理的药剂，严格限制每类药剂的使用次数。在使用三唑类杀菌剂防治小麦赤霉病时，要按照产品农药登记的要求，保证足够的有效成分使用量（戊唑醇每亩有效成分使用量不低于8克），延缓抗药性发展，减轻毒素污染。

3. 麦田杂草

（1）节节麦。从河南、山东、陕西的15个县（市、区）麦田中共采集得到60个节节麦种群，经抗药性检测，其对甲基二磺隆抗性频率为66.7%，其中有1个河南博爱种群抗性指数在10倍以上，占监测总种群的1.7%。与2019年监测结果相比，节节麦对甲基二磺隆抗性指数总体变化不大。

（2）多花黑麦草。从河南、山东、陕西的9个县（市、区）麦田中共采集得到39个多花黑麦草种群，经抗药性检测，其对炔草酯抗性频率为84.6%，其中22个种群抗性指数在10倍以上，占监测总种群的56.4%，河南高水平抗性频率最高，达到85.2%；对甲基二磺隆抗性频率为76.9%，其中18个种群抗性指数在10倍以上，占监测总种群的46.2%，河南高水平抗性频率最高，达到63.0%。与2019年监测结果相比，多花黑麦草对炔草酯、甲基二磺隆抗性指数总体变化不大。

（3）菵草。从江苏、安徽、湖北的7个县（市、区）麦田中共采集得到44个茵草种群，经抗药性检测，其对炔草酯抗性频率为84.1%，其中29个种群抗性指数在10倍以上，占监测总种群的65.9%，江苏、安徽高水平抗性频率都超过50%；其对甲基二磺隆抗性频率为93.2%，有6个种群抗性指数在10倍以上，主要集中在江苏。与2019年监测结果相比，茵草对炔草酯抗性指数总体变化不大，对甲基二磺隆抗性指数增加2～4倍。

（4）播娘蒿。从河北、山西、陕西等5省份的18个县（市、区）麦田中共采集得到75个播娘蒿种群，经抗药性检测，其对苯磺隆抗性频率为96.1%，其中55个种群抗性指数在10倍以上，占监测总种群的73.3%，河北、河南、山东、陕西高水平抗性频率都超过50%。与2019年监测结果相比，播娘蒿对苯磺隆抗性指数总体变化不大。

（5）荠菜。从河南、山东、陕西等4省份的9个县（市、区）麦田中共采集得到49个荠菜种群，经抗药性检测，其对苯磺隆抗性频率为74.5%，其中25个种群抗性指数在10倍以上，占监测总种群的51.0%，河南、安徽、陕西高水平抗性频率都超过50%。与2019年监测结果相比，荠菜对苯磺隆抗性指数总体变化不大。

鉴于部分麦区茵草、多花黑麦草对炔草酯、甲基二磺隆抗性频率较高，播娘蒿、荠菜对苯磺隆抗性范围扩大，在高水平抗性地区停止使用苯磺隆、炔草酯、甲基二磺隆，轮换使用其他不同作用机理的药剂；中低水平抗性地区在采用多策略综合防控技术的基础上，可将上述药剂与其他不同作用机理的除草剂进行混配，减轻除草剂的选择压力，延缓抗药性发展。

（三）玉米害虫的抗药性

草地贪夜蛾

因目前我国草地贪夜蛾对杀虫剂敏感性基线还不完善，从室内抗药性检测结果看，草地贪夜蛾种群对双酰胺类药剂氯虫苯甲酰胺、四氯虫酰胺，大环内酯类药剂甲氨基阿维菌素苯甲酸盐、乙基多杀菌素，噁二嗪类药剂茚虫威敏感性差异较小。与2019年监测结果相比，草地贪夜蛾对以上药剂致死中量（LD50值）总体变化不大。

在草地贪夜蛾发生早期或密度低的地区，优先使用微生物农药和性诱剂等进行绿色防控，在高发期再使用化学农药。在草地贪夜蛾周年繁殖区、迁飞过渡区、重点防范区实施区域统一的空间轮换用药策略，不同区域之间要加强防控用药信息沟通，实行不同作用机理的药剂在不同区域之间、不同防治阶段之间轮换使用，延缓抗药性发展。

（四）棉花害虫的抗药性

1.棉铃虫

华北棉区棉铃虫种群对拟除虫菊酯类药剂高效氯氟氰菊酯处于高水平抗性（抗性倍数113～342倍），对有机磷类药剂辛硫磷处于中等水平抗性（抗性倍数29～68倍），对双酰胺类药剂氯虫苯甲酰胺处于低至中等水平抗性（抗性倍数5.5～72.0倍），对茚虫威处于低至中等水平抗性（抗性倍数8.1～56.0倍），对大环内酯类药剂甲氨基阿维菌素苯甲酸盐处于敏感状态（抗性倍数1.0～4.8倍）。长江流域棉区棉铃虫种群对拟除虫菊酯类药剂高效氯氟氰菊酯处于低至中等水平抗性（抗性倍数8.9～16.0倍），对辛硫磷处于敏感至低水平抗性（抗性倍数3.2～5.1倍），对大环内酯类药剂甲氨基阿维菌素苯甲酸盐处于敏感状态（抗性倍数1.3～2.3倍）。与2019年监测结果相比，棉铃虫对以上药剂抗性倍数总体变化不大。

根据抗药性监测结果，应重点在华北棉区开展棉铃虫抗药性治理，在高水平抗性地区停止使用拟除虫菊酯类药剂，限制有机磷类、双酰胺类、大环内酯类等药剂使用次数（每季棉花生长期使用1次），交替轮换使用多杀霉素、茚虫威等不同作用机理药剂，延缓抗药性发展。

2.棉蚜

被监测地区棉蚜种群对拟除虫菊酯类高效氯氰菊酯、溴氰菊酯，新烟碱类吡虫啉，氨基甲酸酯类丁硫克百威等药剂均处于高水平抗性（对高效氯氰菊酯抗性倍数大于1万倍、对溴氰菊酯抗性倍数大于4 545倍、对吡虫啉抗性倍数200 ~ 14 000倍、对丁硫克百威抗性倍数174 ~ 1 400倍）；对氟啶虫胺腈处于低至中等水平抗性（抗性倍数8.6 ~ 45.0倍）。与2019年监测结果相比，棉蚜对以上药剂抗性倍数总体变化不大。

针对抗药性棉蚜，应停止使用高效氯氰菊酯、溴氰菊酯、丁硫克百威、吡虫啉等药剂，轮换使用双丙环虫酯等不同作用机理药剂或药剂组合防治棉蚜，延缓抗药性发展。

（五）蔬菜害虫的抗药性

1.小菜蛾

华北、长三角蔬菜产区小菜蛾种群对双酰胺类药剂氯虫苯甲酰胺处于敏感至低水平抗性（抗性倍数2.4 ~ 5.7倍），对茚虫威处于中等水平抗性（抗性倍数11 ~ 56倍），对溴虫腈处于低至中等水平抗性（抗性倍数6.7 ~ 18.0倍）。与2019年监测结果相比，小菜蛾对以上药剂抗性倍数总体变化不大。

针对抗药性小菜蛾，应停止使用阿维菌素、高效氯氰菊酯，严格控制氯虫苯甲酰胺、虫螨腈、茚虫威、乙基多杀菌素等药剂在小菜蛾防治中的使用次数，每季蔬菜使用次数不超过1次，注意交替、轮换使用不同作用机理的药剂或药剂组合防治小菜蛾，延缓抗药性发展。

2.甜菜夜蛾

被监测地区的甜菜夜蛾种群对双酰胺类药剂氯虫苯甲酰胺

处于高水平抗性（抗性倍数大于600倍），其中广东白云区种群抗性倍数最高，达到4 185倍；对茚虫威处于中等至高水平抗性（抗性倍数70～220倍），上海崇明区、湖北黄陂区、广东白云区种群都处于高水平抗性（抗性倍数为105～220倍）；对昆虫生长调节剂类药剂甲氧虫酰肼处于低至中等水平抗性（抗性倍数7.2～59.0倍）；对多杀霉素处于敏感至低水平抗性（抗性倍数4.1～6.8倍）。与2019年监测结果相比，甜菜夜蛾对氯虫苯甲酰胺、茚虫威抗性倍数都增加2～4倍。

根据抗药性监测结果，应暂停使用氯虫苯甲酰胺、茚虫威，严格控制甲氧虫酰肼、多杀霉素类等药剂在甜菜夜蛾防治中的使用次数，每季蔬菜使用次数不超过1次，注意交替、轮换使用不同作用机理的药剂或药剂组合防治甜菜夜蛾，延缓抗药性发展。

3.烟粉虱

被监测地区的烟粉虱若虫对溴氰虫酰胺、螺虫乙酯处于中等至高水平抗性（对溴氰虫酰胺抗性倍数17～768倍、对螺虫乙酯82～1 651倍），其中湖北武汉市、湖南长沙市种群抗性倍数都处于高水平抗性，抗性倍数在200倍以上；烟粉虱成虫对噻虫嗪处于低至中等水平抗性（抗性倍数5.4～12.0倍）。与2019年监测结果相比，烟粉虱对以上药剂抗性倍数总体变化不大。

鉴于湖北、湖南蔬菜产区烟粉虱种群抗药性较高，应注意交替、轮换使用氟吡呋喃酮、氟啶虫胺腈、烯啶虫胺、呋虫胺等不同作用机理的药剂或药剂组合防治烟粉虱，延缓抗药性发展。

4.西花蓟马

被监测地区的西花蓟马种群对乙基多杀菌素、甲氨基阿维菌素苯甲酸盐产生高水平抗性（对乙基多杀菌素抗性倍数195～10 095倍，对甲氨基阿维菌素苯甲酸盐抗性倍数331～1 384倍）；对多杀霉素、虫螨腈处于中等至高水平抗性（对多杀霉素抗性倍数34～2 552倍，对虫螨腈抗性倍数

24～295倍），对噻虫嗪处于低至中等水平抗性（抗性倍数5.5～37.0倍）。与2019年监测结果相比，西花蓟马对以上药剂抗性倍数总体变化不大。

在西花蓟马对杀虫剂高水平抗性地区，应暂停使用乙基多杀菌素、甲氨基阿维菌素苯甲酸盐，注意交替、轮换使用虫螨腈、噻虫嗪等不同作用机理药剂或药剂组合防治西花蓟马，延缓抗药性发展。

5.二斑叶螨

被监测地区的二斑叶螨种群对阿维菌素处于高水平抗性（抗性倍数304～1 051倍）；对虫螨腈处于中等至高水平抗性（抗性倍数36～113倍），其中银川市种群处于高水平抗性，抗性倍数为113倍；对腈吡螨酯处于中等水平抗性（抗性倍数23～57倍），对联苯肼酯处于敏感状态。与2019年监测结果相比，二斑叶螨对以上药剂抗性倍数总体变化不大。

根据抗药性监测结果，应暂停使用阿维菌素，注意交替、轮换使用虫螨腈、联苯肼酯、腈吡螨酯、乙螨唑等不同作用机理的药剂或药剂组合防治二斑叶螨，延缓抗药性发展。

▍四、专业化病虫害防治服务

2020年，各级农业部门认真落实《农作物病虫害防治条例》有关专业化防治服务的要求，切实履行"虫口夺粮保丰收"的重大职责。各地强化行政推动，加大扶持力度，加强技术指导服务，广泛开展培训，注重树立典型，扩大示范带动，引导专业化防治组织开展规范化服务，提高了服务能力和水平。在突发新冠肺炎疫情的年份，专业化防治发挥特殊的作用，为及时防控重大病虫危害，保障粮食和重要农产品供应，做出了重要贡献。2020年继续组织开展农作物病虫害专业化统防统治百县创建和第二批全国统防统治星级服务组织评选活动，共评出专业化统防统治百强县46个，星级服务组织256家。

（一）发展状况

2020年，全国专业化服务组织数量92 573个，在农业部门备案的组织数量达到40 621个，从业人员126.7万人，拥有大、中型药械66.2万台，比上年增加2.8万台，日作业能力达到12 117万亩，比上年增加9.2%。三大粮食作物实施专业化统防统治面积达到15.86亿亩次，专业化统防统治覆盖率达到41.9%，比上年提高1.8个百分点。

（二）实施效果

各地实践表明，实施专业化统防统治可提高防效5 ~ 10个百分点，每季可减少防治1 ~ 2次，降低化学农药使用量20%以上。以小麦病虫害防控为例，据12个小麦主产省份统计数据，2020年实施统防统治面积45 143.25万亩次，统防统治覆盖率大幅提升到47.79%，其中承包防治面积11 602.8万亩次，政府购买服务10 215.13万亩次。参与防治服务的专业化防治组织达21 468个，从业人员546 124人。出动大、中型地面植保机械68 390台（套），出动植保无人飞机44 352台，通过应用高效低毒低残留农药和新型助剂，显著提升了防治效率和效果，并实现了农药减量使用。打赢了"虫口夺粮"攻坚战，为夏粮丰收提供重要保障。

（三）经验做法

1.资金扶持

2020年，除中央救灾补助资金支持外，各省级财政投入资金5.22亿元，市、县级财政投入资金10.41亿元，用于防控物资补助、评优奖励以及政府购买服务等方式扶持和推动专业化统防统治防治发展。

山东省三级财政投入资金超1.7亿元，积极开展小麦、玉米病虫害专业化统防统治。针对小麦条锈病严重威胁夏粮生产安全的形势，省财政紧急拨付7 600万元农业生产救灾资金，重点用于小麦重大病虫害特别是条锈病防控，同时积极引导各地充分发动社会化服务组织开展统防统治服务作业，全省约有1 500余个统防统治组织参与，确保了夏粮丰产丰收。

河南省财政拿出1亿元农业生产发展资金，支持豫南45县（市、区）开展小麦条锈病、赤霉病专业化统防统治。各市、县财政又筹措资金2.66亿元，采取政府购买专业化防治服务、对市场化统防统治服务进行补贴等方式，大规模实施统防统治。

黑龙江省共投放植保无人机及自走式喷杆机购置补贴资金超过2 000万元。通过落实国家各项补贴政策，大批量为专业化组织配备大中型施药机械，迅速提高了专业化组织应对病虫灾害的能力。全省共建立植保专业化防治组织6 675个，从业人数达到5.77万人，拥有防控机械34 744台，其中大、中型高效机械的数量占93.6%，日作业能力达到1 032万亩次。

2. 项目推动

广东省将推动病虫害统防统治作为高标准农田科技示范建设内容列入其"十四五"规划，在所有实施高标准农田建设的地区推行统防统治。通过项目带动统防统治发展，该省的一些市（县）在粮食主产区和特色经济作物区实施补贴，整村整片式推动统防统治作业。

四川省实施专业化统防统治与绿色防控融合推进项目，利用中央财政9 100万元和省级财政2 000万元专项资金，以政府购买服务形式，开展水稻、果树、茶叶等作物及农区蝗虫和草地贪夜蛾等重大病害全程绿色防控的统防统治，推广应用天敌昆虫640余万枚、性诱剂78余万套、生物农药4 000余吨。

江西省通过全省水稻绿色高质高效示范创建以及双季稻粮丰项目和优质稻协同推广项目推动，在统防统治示范区主推"农业防治＋理化诱控＋生态调控＋生物防治＋中晚稻物理阻隔育秧＋安全科学用药"绿色防控技术模式，积极开展水稻病虫害绿色防控技术集成示范基地创建，辐射带动大面积推广应用。

3.规范发展

江苏省制定《全省农作物病虫害专业化统防统治工作意见》，要求各地通过采取强化组织建设，提升运行质态；强化项目实施，扩大服务规模；强化宣传示范，推动全面发展等措施，力争实现全省主要农作物重大病虫害专业化统防统治覆盖率达到60%的目标。

陕西省制定《小麦病虫害专业化统防统治作业规程》地方标准，规范专业化组织服务行为，提高病虫害防治水平，减少化学农药使用。河南省开展植保专业化服务组织农业部门电子备案，发放统一制式备案证书，并要求服务组织将服务情况录入全国专业化服务组织管理系统。

山东省利用无人机开展病虫害统防统治进入了大发展阶段，针对标准滞后的实际情况，联合多方开展技术攻关，制定了《农用植保无人飞机施药安全技术规范》等省地方标准3项，对植保无人机服务作业将起到标准化、规范化引领作用。

4.示范带动

河北省开展省级"百强专业化防治服务组织"创建活动，通过创建活动，评选出规模化、规范化的高标准专业化防治服务组织，带动统防统治深入发展。

上海市根据农业农村部农作物病虫害专业化统防统治规范，组织专家制定2020年优秀农作物病虫害专业化防治组织的创建方案，组织开展优秀专业化防治组织的评选，对优秀专业化防治组织进行现金奖励，每个组织奖励4万元，提高社会组织参与病虫害专业化防治的积极性。

贵州省在规模化的茶叶、蔬菜、精品水果、中药材、优质水稻及特色杂粮、马铃薯种植区建立国家级和省级绿色防控与统防统治融合及农药减施增效示范基地，以专业化统防统治组织为实施主体，以生产基地为中心，引进适合贵州山地的高工效低容量施药器械、精准施药，提高农药利用率。集成多种绿色防控技术模式，建立绿色防控示范区，突出技术引领和示范带动。

湖南省大力推进两个"四位一体"（即构建植保部门、专业化防治服务组织、新型经营主体、农资农机企业"四位一体"市场化运作的协同推进机制，防治服务组织推行药、机、种、肥"四位一体"）的服务模式，延伸服务内容，拓展服务环节从产中延伸到产前、产后，拉长服务链，增加盈利点，实现赢利能力和服务水平的全面提升，示范带动全省专业化防治服务可持续发展。

5.服务引导

北京市及时开展"送法上门"活动，派出技术干部到专业化防治服务组织，宣讲《农作物病虫害防治条例》精神和要求，鼓励专业化防治服务组织创新机制，开展优质服务。

安徽省利用承办全国统防统治培训班、第三届全国农业行业职业技能大赛等活动，组织开展植保理论知识、农药配制和植保飞防等技能知识的培训，全省开展培训班234期，培训专业化防治组织1 321个、家庭农场3 162个、合作社1 477个。

黑龙江省整合各企业的无人机监管平台，构建省级植保无人机数字化监测，实现了全省无人机作业的监管全覆盖。发放并安装智能流量计1 100余个，平台登录植保无人机2 530台，登记作业队450家。在稻瘟病、三代黏虫、稻水象甲统防统治作业中，利用监管平台累计监测植保无人机统防作业面积328万亩次，监测飞行架次近22万次，作业质量达标率达到96%以上，实现了省级植保无人机大规模、大范围统防精准作业管理及验收，有效提升了专业化防治服务的整体质量。

五、第三十六届中国植保信息交流暨农药械交易会

（一）基本情况

经农业农村部批准，第三十六届中国植保信息交流暨农药械交易会于2020年11月13—15日在重庆国际博览中心举办。展会由全国农业技术推广服务中心主办，重庆市种子（植物保护）站和厦门凤凰创意会展服务公司承办，重庆市农业农村委、商委和渝北区人民政府作为支持单位。展会以"依法防控稳粮保供"为主题，参展企业近500家，展览面积约9万米^2，专业观众8万多人次。根据疫情防控防治要求，对展览规模和参展企业数量等进行了控制。

第三十六届中国植保信息交流暨农药械交易会（以下简称"第三十六届中国植保'双交会'"）是在全面贯彻落实党的十九届五中全会精神和中央"六稳""六保"任务，《农作物病虫害防治条例》颁布实施，"十三五"时期农药零增长行动收官，以及全国新冠肺炎疫情常态化的背景下举办的一届比较特殊的展会。展会旨在全面推进植保法制化进程，加快形成以国内大循环为主体、国内国际双循环相互促进农药产业发展新格局，引领"十四五"时期农药械行业步发展，充分发挥植保在防灾减灾中的作用，为保障国家粮食安全和农产品有效供给提供重要的技术支撑和物资保障。

（二）经验做法

1.创新办展方式

面对疫情防控常态化，全国农业技术推广服务中心按照农业农村部办公厅《关于进一步做好新冠肺炎疫情常态化下农业展会工作的通知》要求，制定了详细的疫情防控方案，严格控制展会规模，优化展览现场规划，扩大展区通道间距，取消室外开幕式。开发"云上植保"在线平台，实现网上自助发布产品信息、自助办理参会证件、提前客商预约、线上现场洽谈直播等功能。

2.提升参展品质

为延伸参展产品的产业链，参展范围涵盖农药原药、中间体、农药制剂、助剂等农化产品和植保机械、包装设备、绿色防控设备等，实现了整个农化产业上、中、下游新产品，新技术与新器械，新设备等全产业链条的有效衔接，吸引了国内外优秀植保和农药企业参展。众多国际国内知名企业集中展示一批高新技术与产品，参展企业和产品品质全面提升。

3.注重公益展示

为推动中国农业航空植保产业发展，第三十六届中国植保"双交会"设立的"农业航空植保公益展示区"汇集了深圳大疆、广州极飞、河南标普等中国主流农业航空植保企业和飞防组织，全面展示我国农业航空植保技术创新发展和应用成果。同时，为了充分展示"创新、聚焦、差异化"的新产品，在主展馆设立近500米^{2}的"2020中国植保双交会新品公益展示区"，统一展示近100家企业200多个新产品、新技术。

4.引领行业发展

第三十六届中国植保"双交会"同期举办信息发布会、农药企业家座谈会、植保信息暨农药械推广网培训班、航空植保应用与发展论坛、农药安全科学使用论坛、植保行业创新营销论坛等多场主题活动；参展企业自行组织近百场业务洽谈、新品发布、产品交易等活动。通过院士专家主题演讲、权威信息发布、企业家圆桌论坛等多种形式，交流市场最新信息，畅想行业发展愿景，分享植保发展新趋势，充分发挥了行业发展"风向标"、系统创新"指南针"和供需对接"大平台"的作用。

第三十六届中国植保"双交会"在特殊的时期成功举行，给疫情下中国植保行业发展注入新的活力，对我国农作物病虫害依法防控起到积极的引领作用，为保障国家粮食安全和农产品有效供给、促进农业高质量发展做出了贡献。

此外，2020年，河北、黑龙江、山东等省份也举办了省级植保信息交流与农药械交易会。

第六章
植保植检能力建设

▌ 一、植保植检法律法规建设

（一）《中华人民共和国生物安全法》颁布实施

《中华人民共和国生物安全法》于2020年10月17日经第十三届全国人民代表大会常务委员会第二十二次会议通过，2021年4月15日起正式施行。《中华人民共和国生物安全法》旨在维护国家安全，防范和应对生物安全风险，保障人民生命健康，保护生物资源和生态环境，促进生物技术健康发展，推动构建人类命运共同体，实现人与自然和谐公正。该法将针对人类疫病、动物疫情、植物疫情3类疫情的防范纳入其中，确定建立国家生物安全领导体制和协调机制，要求构建生物安全风险监测、评估、预警、应对等基本制度，规定了行业部门、地方政府、专业机构、社会组织、公民的权利与义务，划定了生物技术发展边界，要求将疫情监测网络构建、应急处置等列入政府预算。《中华人民共和国生物安全法》的通过和正式施行，标志着植物疫情监测防控工作成为保障国家总体安全的组成部分，工作要求更高、权责更明晰、保障力度更大。

（二）《农作物病虫害防治条例》颁布实施

2020年3月17日，国务院常务会议审议通过《农作物病虫害防治条例》（以下简称《条例》），3月26日，李克强总理正式签署国务院725号令，公布自2020年5月1日起施行。《条例》的公布实施，是我国植物保护发展史上的重要里程碑，开启了依法植保的新纪元。《条例》明确提出，农作物病虫害防治坚持政府主导、属地负责、分类管理、科技支撑、绿色防控的原则，并明确了各级相关部门的防治工作责任。《条例》明确规定，国家建立农作物病虫害监测制度、病虫害预防与控制制度、农作物病虫害应急处置制度、农作物病虫害专业化防治服务制度，以及违反《条例》的法律责任。《条例》的颁布实施，增强了农作物病虫害防治法制保障力度，给植物保护事业发展带来了新的机遇。

（三）《一类农作物病虫害名录》发布实施

2020年9月，农业农村部根据《农作物病虫害防治条例》，中华人民共和国农业农村部公告第333号公布了《一类农作物病虫害名录》。根据确定一类病虫害需要满足的4个条件：发生的广泛性、危害的严重性、社会的关注性和防控的艰巨性。一类病虫害共有17种，具体名单如下：

一类农作物病虫害名录

一、虫害（10种）

1.草地贪夜蛾 *Spodoptera frugiperda* (Smith)

2.飞蝗 *Locusta migratoria* Linnaeus（飞蝗和其他迁移性蝗虫）

3.草地螟（ *Loxostege sticticalis* L.)

4.黏虫〔东方黏虫 *Mythimna separata* (Walker)和劳氏黏虫

Leucania loryi Duponchel〕

5.稻飞虱〔褐飞虱 *Nilaparvata lugens* (Stål)和白背飞虱 *Sogatella furcifera* (Horváth)〕

6.稻纵卷叶螟 *Cnaphalocrocis medinalis* (Guenée)

7.二化螟 *Chilo suppressalis* (Walker)

8.小麦蚜虫〔荻草谷网蚜 *Sitobion miscanthi* (Takahashi)、禾谷缢管蚜 *Rhopalosphum padi* (Linnaeus)和麦二叉蚜 *Schizaphis graminum* (Rondani)〕

9.马铃薯甲虫 *Leptinotarsa decemlineata* (Say)

10.苹果蠹蛾 *Cydia pomonella* (Linnaeus)

二、病害（7种）

1.小麦条锈病 *Puccinia striiformis* West f.sp. *tritici*.

2.小麦赤霉病 *Fusarium graminearum*

3.稻瘟病 *Magnaporthe oryzae*

4.南方水稻黑条矮缩病毒病 Southern rice black-streaked dwarf virus

5.马铃薯晚疫病 *Phytophthora infestans*

6.柑橘黄龙病 *Candidatus* Liberobacter asiaticum

7.梨火疫病〔梨火疫病 *Erwinia amylovora* 和亚洲梨火疫病 *Erwinia pyrifoliae*〕

（四）《全国农业植物检疫性有害生物名单》《应施检疫的植物及植物产品名单》修订

2020年11月，根据《植物检疫条例》，中华人民共和国农业农村部公告第351号公布了修订的《全国农业植物检疫性有害生物名单》《应施检疫的植物及植物产品名单》。修订后的《全国农业植物检疫性有害生物名单》保留28种检疫性有害生物，分别是菜豆象、蜜柑大实蝇、四纹豆象、葡萄根瘤蚜、马铃薯甲虫、稻水象甲、红火蚁、扶桑绵粉蚧、腐烂茎线虫、香蕉穿孔线虫、瓜类果斑病菌、柑橘黄龙病（亚洲种）、番茄溃疡病菌、十字花科黑斑病菌、水稻细菌性条斑病菌、亚洲梨火疫病菌、黄瓜黑星病菌、香蕉镰刀菌枯萎病菌4号小种、玉蜀黍霜指霉菌、内生集壶菌、苜蓿黄萎病菌、李属坏死环斑病毒、毒麦、列当属、假高粱；删除美国白蛾、柑橘溃疡病菌、烟草环斑病毒等3种有害生物；增补梨火疫病菌、马铃薯金线虫、玉米褪绿斑驳病毒等3种有害生物。根据检疫性有害生物传播途径和管控重点，修订了《应施检疫的植物及植物产品名单》。

（五）《农药包装废弃物回收处理管理办法》发布

2020年7月31日，经农业农村部第11次常务会议审议通过，并经生态环境部同意，《农药包装废弃物回收处理管理办法》（以下简称《办法》）自2020年10月1日起施行。此次由农业农村部、生态环境部联合出台的《办法》，是对《中华人民共和国土壤污染防治法》《农药管理条例》等法律、行政法规相关规定的细化，明确了农业生产中农药包装废弃物的回收处理活动及其监督管理，为进一步促进和规范包装废弃物的回收处理、监督管理等工作提供了法规支撑。

《办法》分为总则、回收、处理、法律责任、附则等五章，共计二十三条，明确了地方各级人民政府、县级以上地方人民政府农业农村主管部门、生态环境主管部门的职责，农药生产者、经营者和使用者的义务，包装废弃物回收、运输、处理等环节的要求，经费来源，法律责任等。

（六）《国家救灾农药储备管理办法（暂行）》印发

为做好国家救灾农药储备管理工作，使救灾储备农药更好地服务于保障粮食作物突发性重大病虫害防治应急用药需求，

2020年6月10日，国家发展和改革委员会、财政部、农业农村部、中华全国供销合作总社印发了《国家救灾农药储备管理办法（暂行）》（发改经贸规〔2020〕890号）。

经国务院批准，原"国家储备农药""中央救灾农药储备"统一整合为"国家救灾农药储备"。《国家救灾农药储备管理办法（暂行）》共七章二十九条，对救灾农药的储备时间品种，承储企业的基本条件和选定方式，储备任务的下达、动用及企业责任，财务管理，监督管理等方面的内容予以规定，明确由农业农村部牵头、中华全国供销合作总社配合做好国家救灾储备农药管理使用工作。

▌ 二、植保植检标准制修订

（一）烟粉虱测报技术规范 露地蔬菜

标准号：NY/T 3544—2020

发布单位：中华人民共和国农业农村部

发布时间：2020-3-20　　　　实施时间：2020-7-1

主要内容：本标准规定了烟粉虱低高龄若虫、百株3叶成虫量和发生期的术语和定义，发生程度1～5级分级指标，越冬虫量调查、系统调查和大田普查时间、地点及方法，发生程度和发生期预测方法，以及数据汇总和汇报内容和方式等。

（二）棉花蓟马测报技术规范

标准号：NY/T 3545—2020

发布单位：中华人民共和国农业农村部

发布时间：2020-3-20　　　　实施时间：2020-7-1

主要内容：本标准规定了棉蓟马、无头和多头棉、被害株和被害株率、发生期的术语和定义，发生程度1～5级分级指标，越冬虫量调查、系统调查和大田普查时间、地点及方法，发生程度和发生期预测方法，以及数据汇总和汇报内容和方式等。

（三）玉米大斑病测报技术规范

标准号：NY/T 3546—2020

发布单位：中华人民共和国农业农村部

发布时间：2020-3-20 实施时间：2020-7-1

主要内容：本标准规定了玉米大斑病病株率、病田率、病情严重程度和病情指数的术语和定义，发生程度1～5级分级指标，病情系统调查和病情普查时间、地点和方法，病情短期和中长期预测方法，以及数据收集汇总和报送等。

（四）玉米田棉铃虫测报技术规范

标准号：NY/T 3547—2020

发布单位：中华人民共和国农业农村部

发布时间：2020-3-20 实施时间：2020-7-1

主要内容：本标准规定了玉米田棉铃虫发生世代和发生期的术语和定义，发生程度1～5级分级指标，灯光、性诱剂诱测方法，系统调查、幼虫调查和大田普查时间、地点及方法，发生程度和发生期预测方法，以及数据汇总和汇报内容和方式等。

（五）农作物病虫测报观测场建设规范

标准号：NY/T 3698—2020

发布单位：中华人民共和国农业农村部

发布时间：2020-8-26 实施时间：2021-1-1

主要内容：本标准规定了农作物病虫测报观测场的术语和定义，观测场建设地点，以及场所内灯诱、性诱、远程实时监测和气象观测设备安置、使用和管理，以及相关基础设施建设。

（六）玉米蚜虫测报技术规范

标准号：NY/T 3699—2020

发布单位：中华人民共和国农业农村部

发布时间：2020-8-26　　　　实施时间：2021-1-1

主要内容：本标准规定了玉米蚜虫、虫口密度、有蚜株、蚜株率和发生期的术语和定义，发生程度 1～5 级分级指标，系统调查和大田普查时间、地点及方法，发生期和发生程度预测方法，以及发生与防治基本情况总结等。

（七）棉花黄萎病测报技术规范

标准号：NY/T 3700—2020

发布单位：中华人民共和国农业农村部

发布时间：2020-8-26　　　　实施时间：2021-1-1

主要内容：本标准规定了棉花黄萎病病株率、病田率、病情严重度，病情指数和发生面积比的术语和定义，棉花黄萎病严重度和发生程度分级指标，病情系统调查和病情普查时间、地点及方法，短期和中长期预测方法，以及数据收集汇总和报送等。

（八）释放赤眼蜂防治害虫技术规程 第1部分：水稻田

标准号：NY/T 3542.1

发布单位：中华人民共和国农业农村部

发布时间：2020-3-20　　　　实施时间：2020-7-1

主要内容：本标准规定了水稻田释放赤眼蜂防治稻田二化螟、稻纵卷叶螟等鳞翅目害虫的有关术语、定义、赤眼蜂产品要求、释放方法、释放效果评价方法，并规定了赤眼蜂产品的质量检测方法及稻螟赤眼蜂产品质量分级。

（九）昆虫性信息素防治害虫技术规程　水稻鳞翅目害虫

标准号：NY/T 3686

发布单位：中华人民共和国农业农村部

发布时间：2020-8-26　　实施时间：2021-1-1

主要内容：本标准规定了利用昆虫性信息素防治水稻二化螟、大螟、三化螟、稻纵卷叶螟、显纹纵卷叶螟、稻螟蛉、黏虫等鳞翅目害虫的有关术语、定义、原则、田间应用和效果评价方法，性信息素的组成、运输和存储要求，挥散芯和诱捕器的质量要求等，并规定了性信息素挥散芯、诱捕器和缓释装置的结构和参数。

（十）苹果主要叶部病害综合防控技术规程　褐斑病

标准号：NY/T NY/T 3689—2020

发布单位：中华人民共和国农业农村部

发布时间：2020-8-26　　实施时间：2021-1-1

主要内容：本标准规定了苹果褐斑病诊断、监测和预测的技术方法，病害防控原则以及农业防治与药剂防治的技术措施。本标准适用中国各产区苹果褐斑病的诊断、监测、预测和防控。

（十一）腐烂茎线虫疫情监测与防控技术规程

标准号：NY/T 3636—2020

发布单位：中华人民共和国农业农村部

发布时间：2020-7-27　　实施时间：2020-11-1

主要内容：本标准规定了腐烂茎线虫疫情监测与防控技术的术语和定义，监测区域、重点作物、时期、方法、记录和监测报告等，以及检疫、农业、物理、化学等防控措施。

（十二）小麦田看麦娘属杂草抗药性监测技术规程

标准号：NY/T 3543

发布单位：中华人民共和国农业农村部

发布时间：2020-3-20　　　　实施时间：2020-7-1

主要内容：本标准明确了小麦田看麦娘属杂草抗药性监测所涉及的抗性指数、土壤处理法、茎叶处理法的术语和定义，具体规定了应用的范围、所需仪器设备、试剂与材料、试验步骤、数据统计与分析、抗性水平评估等，规范了小麦田看麦娘属杂草对部分除草剂的敏感基线。

（十三）小麦田阔叶杂草抗药性监测技术规程

标准号：NY/T 3688

发布单位：中华人民共和国农业农村部

发布时间：2020-8-26　　　　实施时间：2021-1-1

主要内容：本标准明确了小麦田阔叶杂草抗药性监测所涉及的抗性指数、土壤处理法、茎叶处理法的术语和定义，具体规定了应用的范围、所需仪器设备、试剂与材料、试验步骤、数据统计与分析、抗性水平评估等，规范了小麦田阔叶类杂草对部分除草剂的敏感基线。

（十四）西花蓟马抗药性监测技术规程

标准号：NY/T 3680

发布单位：中华人民共和国农业农村部

发布时间：2020-8-26　　　　实施时间：2021-1-1

主要内容：本标准明确了西花蓟马抗药性监测应用的范围，具体规定了所需仪器设备、试剂与材料、试验步骤、数据统计与分析、抗性水平评估等，规范了西花蓟马对部分杀虫剂的敏感基线。

（十五）叶螨抗药性监测技术规程

标准号：NY/T 3539

发布单位：中华人民共和国农业农村部

发布时间：2020-3-20　　　实施时间：2020-7-1

主要内容：本标准明确了蔬菜叶螨抗药性监测应用的范围，具体规定了所需仪器设备、试剂与材料、试验步骤、数据统计与分析、抗性水平评估等，规范了叶螨对部分杀螨剂的敏感基线。

▎三、植物保护工程建设情况

植物保护是防控重大植物病虫疫情、减轻生物灾害损失、保障国家粮食安全和主要农产品供给的基础性、战略性工作。"十五"时期以来，在国家发展和改革委员会的大力支持下，农业农村部通过实施重大病虫疫情监测防控类和农药质量检测管理类等植物保护工程项目，有效改善了植保防灾减灾工作手段，增强了植保公共服务能力，提升了农业综合生产能力，为粮食连年丰收做出突出贡献。

（一）总体建设进展

从1998年开始，农业农村部组织编制了3期《植物保护工程建设规划》并报送国家发展改革委。2017年，国家发展和改革委员会、农业部、国家林业局和国家质量监督检验检疫总局共同编制印发《全国动植物保护能力提升建设规划（2017—2025年)》。

1.植物保护工程（2001—2013年）实施情况

从2001年至2013年，中央财政累计投资33.43亿元，建设了蝗虫地面应急防治站、小麦条锈病菌源地综合治理试验站、农业有害生物预警与控制区域站、农药残留与质量监测中心、苹果和柑橘非疫区、植物检疫隔离场、农用航空服务等植保工程项目1 701个（表6-1），可分为3个阶段。

（1）起步阶段（2001—2005年）。每年投资规模不定，少的年份不足1.5亿元，多的年份超过3.0亿元，对各类植保项目进行投资

（2）规范建设阶段（2006—2010年）。每年投资增加，规模相对固定，投资重点进一步明确到全国农作物重大病虫害监控区域站等方面。

（3）收尾阶段（2011—2013年）。投资规模减少，单个项目主要以应急防治药械库和病虫田间观测场为主，扩大了项目覆盖面，但单个项目投资额度由200万元以上下调到90万元（表6-1）。2014—2016年连续3年中央财政未对植保项目投资。

表6-1　2000—2013年植物保护工程投资情况表

年份	投资/亿元	建设内容
2001—2005	10.934	蝗虫地面应急防治站、小麦条锈病菌源地综合治理试验站、农业有害生物预警与控制区域站、农药残留与质量监测中心、苹果和柑橘非疫区、植物检疫隔离场、农用航空服务
2006—2010	13.5	蝗虫地面应急防治站、农药残留与质量监测中心、苹果和柑橘非疫区、农用航空服务机场等
2011—2013	9.0	农业有害生物预警与控制区域站、重大病虫应急防控药械库和病虫田间观测场

2.动植物保护能力提升工程（2017—2019年）实施情况

该项目规划实施年限2017—2025年，建设内容包括植物有害生物疫情监测检疫能力、植物有害生物防控能力和农药风险监测能力3类项目。自2017年项目启动以来，2017—2019年，中央投资2.7亿元，地方配套0.325 4亿元。共在22个省份投资

建设了29个植物有害生物疫情监测检疫能力（农作物病虫疫情监测分中心（省级）田间监测点）项目，目前已建成项目14个，在建项目15个。共在197个县（市、区）投资建设全国农作物病虫疫情监测分中心（省级）田间监测点889个。2018—2019年的2年时间，农药风险监测能力建设项目中央投资5 444万元，地方配套220万元。共在6个省份投资建设了6个省级农药风险监测区域中心，在7个省份投资建设了19个农药风险监测基层站点，目前已建成项目1个（浙江省2个站点），在建项目12个（表6-2、表6-3）。

表6-2　2017—2019年植保工程投资和建设情况表

| 年份 | 省次 | 中央资金/万元 | | 地方配套资金/万元 | | 资金合计/万元 | 田间监测点/个 | | 完成省份 |
		到位	未到位	到位	未到位		县数	监测点数	
2017	11	11 338	750	1 788	1 490	15 366	93	371	11
2018	10	12 170	0	713	1 554	14 437	60	288	3
2019	8	3 492	0	753	653	4 898	44	230	0
合计	29	27 000	750	3 254	3 697	34 701	197	889	14

注：实际投资省份22个，有7个省份投资2批项目。

表6-3　2018—2019年植保工程（农药风险监测能力建设项目）投资和建设情况表

| 年份 | 省次 | 中央资金/万元 | | 地方配套资金/万元 | | 资金合计/万元 | 完成省份 |
		到位	未到位	到位	未到位		
2018	3	3 620	1 380	140	660	5 800	0
2019	10	1 824	2 400	80	1 036	6 060	1
合计	13	5 444	3 780	220	1 696	11 860	1

3.实施项目建设运行情况

通过对全国31个省份植物保护工程和动植物保护能力提升工程项目运行情况摸底调查，情况总体良好。其中，植物保护工程1 701个已建项目中，1 362个运行良好或者正常，数量占比80.07%；339个运行有一些困难，占比19.93%。动植物保护能力提升工程已建成的14个项目运行正常，运行正常的项目数量占100%；15个在建项目进展基本正常，运行正常的项目数量占100%。12个农药风险监测能力建设项目进展基本正常，运行正常的项目数量占100%。从调度掌握的情况看，运行不正常的项目主要原因是建设年代太久设备老化、城镇化拆迁、地质灾害和运行经费不足。

（二）建设成效

1.重大病虫疫情监测预警能力明显提升

通过项目建设，植物保护硬件设备得到全面保障。植物检疫审批监管、疫情监控阻截和综合治理能力全面提升，每年完成国外引种检疫审批近1万批次、产地检疫5万批次、调运检疫8万批次，及时发现马铃薯甲虫、苹果蠹蛾、红火蚁等重大疫情。在全国设立农作物病虫害测报区域站1 360个（包含口岸和边境地区风险性疫情传入监测点330个），设立田间病虫监测点1万个，构建了全国农作物病虫疫情测报网及信息系统，对重大病虫害和植物疫情实施网络直报，极大地提高了及早发现和快速反应能力。全国性系统监测预报的重大病虫由项目实施前的15种增加到32种，预报准确率达到90%以上，提高了5～10个百分点，连续多年实现了对蝗虫、小麦条锈病、稻飞虱等重大病虫害的准确监测。尤其是近年来在应对外来入侵重大害虫草地贪夜蛾和沙漠蝗时，做到了早发现、早预警、早部署、早防治，为打赢重大病虫害防控阻击战争取了主动。

2.重大病虫害应急防控能力明显提升

植物疫情区域性治理能力明显提高，全国各省份柑橘黄龙病病株率均控制在10%以内，江西赣州市发病面积比最高年份减少67%，江西赣南脐橙、广东廉江市的廉江红橙等知名品牌呈现恢复性发展。蝗虫地面应急防治、治蝗专用机场、条锈病综合治理试验站等的建设，有效提升了我国对迁飞性害虫和流行性病害的防控能力，成功控制了20世纪90年代以来的多次飞蝗起飞迁移和2002年以来的数次小麦条锈病大流行。近10年来，有效减轻了水稻"两迁"害虫、水稻螟虫、玉米螟和马铃薯晚疫病等重大病虫害发生危害，连续多年将产量损失率控制在3%～5%。

3.农药风险监测能力有所提升

通过早期植保工程建设，农药产品质量和残留检测能力得到提升。近几年，果、菜、茶中农药残留抽检合格率维持在97%以上，农药产品质量合格率维持在85%以上，化学农药使用量连续5年负增长。通过2018—2019年动植物保护能力提升项目建设，逐步构建农药风险监测体系，增强农药市场监管信息采集报送能力，省级建成现代化的农药风险监测中心，县级监测站点基本具备监测样品采集、存储、冷链运输和农药市场监管信息采集报送的能力，逐步满足农药风险监测的需要，促进农药市场规范化运行，减少假冒伪劣农药造成的农业生产损失，减少农药使用对农业生产、农产品质量、生态环境、人畜健康等方面的负面影响，保障农业丰产丰收。

（三）亟待解决的问题

由于全球气候变暖、耕作制度变化、生产方式转变和农产品贸易和物流加速等因素，我国植保防灾减灾面临病虫疫情多发重发、境外危险性有害生物传入风险加大、防控方式明显变化和保障国家粮食安全、农产品质量安全、农业生态环境安全的多重压力。植保工程建设还存在着资金投入总量与植保防灾减灾任务不匹配、机构职能调整对新履职要求手段不匹配和现代科技发展对设备更新换代不匹配等问题。

1.重大病虫疫情监测预警设施设备亟待更新

据调查数据，2010年以前项目配备的虫情测报灯、孢子捕捉仪等农作物病虫田间观测设备，早已超过报废年限，由于风吹日晒，不能正常使用率在90%以上。显微镜、光度仪等实验室检测检验设备由于年久失修、保养不够，50%不能用。面对草地贪夜蛾等入侵性重大的迁飞性害虫，昆虫雷达、病虫监测物联网等自动化、信息化现代监测设备配备缺失。在全国性重大病虫害防控方面，还没有建立完善的调度指挥系统，"聚点成网"仍缺乏手段，亟待加强病虫害信息调度和汇总分析能力建设。在国外病虫害疫情信息收集和风险分析能力方面，快速检测和除害处理等技术缺乏，难以指导国内新发疫情监测、检测和防控。

2.新发突发病虫应急防控设施设备亟待补齐

上一期植保工程投资建设的重大病虫应急防治设施设备，大部分都是10年前建的，已严重老化，不能正常使用。长江中下游、黄淮海和东北地区等粮食主产区大型应急防治设施设备明显不足，边境地区基本没有，特别是近年来玉米黏虫、小麦赤霉病、水稻稻飞虱、马铃薯晚疫病等大面积频繁暴发，一些地方应急无策、贻误最佳防控时机，灾害损失加重时有发生，急需加强区域重大病虫疫情应急防治能力建设。

3.农药风险监测能力基础薄弱

新修订的《农药管理条例》等法律法规要求农业部门加强农药风险监测评估，建立健全农药风险监测体系，确保农业生产安全、农产品质量安全和生态环境安全。我国农药风险监测与评估工作刚刚起步，与欧美等发达国家和地区实行对食品安全和环境风险评估管理相比落后近30年，尤其在对已登记农药的风险监测、登记后再评价、加快高风险农药淘汰等方面，建设基础还比较薄弱。

4.农药自主创新能力严重滞后

我国是世界第一大农药生产国和出口国，但老旧农药产能过剩，产品结构不合理，新农药品种、新工艺和新设备创新不足等问题突出。在登记的600多个农药品种中，绝大多数为仿制国外专利过期的农药品种，自主研发的只有51个且市场占有率低，自主研发能力和水平与农药生产、使用大国的地位不相匹配。随着高毒高风险农药的陆续淘汰，满足农作物病虫害防治和农产品质量安全的绿色农药供给不足，急需加快构建国家农药创新工程技术体系，提升自主研发能力，加强生物农药以及环境友好型剂型和生产工艺的研发，加快推进供给侧结构性改革，促进农药产业健康持续发展。

（四）"十四五"植物保护工程建设重点

农作物病虫疫情防控体系，就像保护人类健康的卫生防疫体系一样，是国家粮食安全、农产品质量安全的重要保障。习近平总书记指出，"要做好重大病虫害和动物疫病的防控，保障农业安全""用最严谨的标准、最严格的监管、最严厉的处罚、最严肃的问责，确保广大人民群众舌尖上的安全"。加大植保工程建设力度，优先保障资金投入，切实提升农作物病虫疫情监测防控能力和农药风险评估与创新水平，既是贯彻落实习近平总书记重要指示的重大举措，也是有效应对重大突发迁入病虫处置、保障农产品质量安全水平和履行植保公共管理职能的现实需要。

"十四五"期间，加快动植物保护能力提升工程建设，应按照填平补齐、更新换代、聚点成网、高效运行的总体思路，合理规划建设内容，着重完善系统功能，突出信息化、智能化等现代科技手段，配备和更新相关设施设备，构建全国现代重大病虫疫情监测治理网络体系，提高重大病虫疫情监测预警、科学决策和应急处置能力。同时，加快构建国家农药安全风险评价体系和农药创新体系，加快高效低风险农药的研发和推广，服务绿色农业发展。

1.加强重大病虫疫情监测预警设施建设

《农作物病虫害防治条例》的正式实施，进一步明确病虫害防治的中央事权和地方事权，重大病虫害防控的任务更加艰巨。为适应重大病虫害防控的新形势，必须加大病虫监测田间网点建设力度，加密布设自动化、智能化监测设备，配备必要的调查监测交通工具。未来5年，拟继续在全国投资建设一批农作物病虫害监测中心（省级）田间病虫监测点，启动迁飞昆虫雷达建设项目，提高迁飞性重大害虫早期监测预警能力。实施全国农作物病虫疫情监测中心项目，建设全国农作物重大病虫疫情监控调度指挥系统，建设国家植保大数据中心和植保大数据平台，加快构建上下贯通、横向协调、运转高效的重大植物疫情监测预警网络平台，全面提升重大病虫疫情监测预警能力。建设国家植物疫情风险分析与隔离检疫中心，加强风险分析、执法监管、阻截防控、消杀处理设施建设，提升新发外来危险性有害生物风险分析能力，为国际履约、农作物新品种引进、植物疫情阻截防控和国内农业生物安全管理提供技术支撑。改扩建国家植物检疫隔离场，提升引种植物检疫隔离试种能力，为引进种质资源的有效利用和商品种苗的生产使用提供安全保障。

2.完善突发重大病虫应急防控设施设备

在病虫害迁入边境地区、防控薄弱地区，启动区域应急防控设施储备库项目，建设农作物病虫害应急防治中心、应急防控植保机械储备库，配置自走式喷杆喷雾机和航空植保机械等大中型器械，带动专业化统防统治组织发展，组建应急防治队伍，提高病虫害防控日作业能力，实现在短时间内有效控制迁飞性、流行性、暴发性和检疫性重大病虫疫情发生危害，减少农作物损失。

3.加大绿色防控产品产业化扶持力度

启动天敌繁育基地与生物制剂生产场建设项目，在东北玉米主产区和大、中城市蔬菜基地建设集生防天敌繁育、储存运输、示范展示、技术服务于一体的生防天敌扩繁与生物制剂生产基地，增加扩繁生防天敌品种，提升扩繁能力，实施生物农药替代化学农药相关工作，逐步改变过分依赖化学农药现象。建设重大农业害虫理化诱控产品生产基地，研发生产更加高效的害虫性信息素及配套应用产品，全面提升重大病虫害绿色防控能力。

4.加快构建国家农药风险监测体系

启动全国农药风险监测评估能力建设项目，强化农药管理履职能力，提高农药登记后的风险监测与评估能力，建成设备先进、技术领先、信息全面的国家级风险监控中心1个，主要承担我国生产、使用农药的安全风险监测与评估，具备农药安全性与有效性监测评估的基础性、关键性和前瞻性技术问题的能力，为农药行政审批和监管提供支撑。建立国家农药风险监测区域试验站7个，开展主要优势农产品生产区域和农药集中使用区域的农药残留、环境风险、抗药性与作物药害等监测区域评估；开展安全用药技术集成展示。建立农药风险监测省级中心14个（每个中心配套建立5～10个监测点），主要承担本辖区生产、使用农药的安全风险监测、样品检验；协助国家中心开展标准制修订、方法验证等工作。

5.加快农药自主创新能力建设

加快构建国家农药创新工程体系，坚持绿色发展和高质量发展理念，依托国内具有开展农药创制基础、技术力量雄厚的单位，建设国家农药创新工程中心10个，提升农药自主研发和创制能力，研发新品种、新剂型、新工艺，围绕重大病虫草防控和绿色农业发展急需的杀虫剂、杀菌剂、除草剂等新型绿色农药进行创新研发和中试生产。启动高毒农药企业工艺改造项目，将高毒农药原有生产车间改扩建、环保设施改扩建、生产装置及设施设备升级改造等，对高毒农药原药生产企业进行技术改造，推动高毒农药生产企业的产品升级转型，鼓励高毒农药企业加快供给侧结构性改革，推进高毒农药淘汰和高效低毒农药发展，加快高效低风险农药的研发和推广，服务绿色农业发展。

6. 加强顶层设计和运行保障

一是与时俱进推重点。商请国家发展和改革委员会将农作物病虫监控物联网、国家植保大数据平台、昆虫雷达和重大植物疫情应急防控设备纳入新一轮建设重点，完善规划建设内容。

二是扩大投资保急需。协调国家发展和改革委员会等部门支持，加大项目实施投资力度，对当前急需的信息调度平台、病虫疫情监测检疫和应急防控设施优先安排。

三是创新机制带龙头。适当降低或取消地方财政配套资金比例，东部、中部和西部地区配套资金比例由40%、20%、10%改为20%、10%、10%，以保证项目顺利实施，提高项目建设质量。加快直属单位有关项目的立项和批复，有利于在整个工程项目建设中发挥"提纲挈领、纲举目张"的龙头作用，尤其是国家农作物病虫防控调度系统建设，有利于将分散在各个监测点的自动化、智能化设备整合形成一个中枢网络体系，引导带动基层站点建设，提高项目运行效能。

CHAPTER 7

第七章
国际交流与合作

▎ 一、开展《国际植物保护公约》履约活动

（一）参与《国际植物保护公约》相关会议

参加《国际植物保护公约》主席团会议，参与植物检疫措施委员会会议安排、2020国际植物健康年活动、公约秘书处管理、公约资金筹措等重要议题。参加国际植物检疫措施标准委员会会议，参与20余项国际标准制修订。此外，选派人员在《国际植物保护公约》秘书处工作，派员参加联合国粮农组织亚太农业委员会、G20农业部长助手会、国际种子贸易协会植物检疫论坛等线上会议。

（二）组织国内相关单位参与国际植物检疫措施标准制定

组织海关、科研教学单位、国内植物检疫机构等方面的专家，系统研究2020年需要开展评议的国际植物检疫措施标准，在国内召开在线会议，对20项国际植物检疫措施标准草案提出100条评议意见，部分意见得到国际同行和植保公约秘书处认可。

▌ 二、实施全球环境基金植保植检项目

（一）中国硫丹淘汰项目产棉区硫丹残留调查分析咨询服务项目

全球环境基金"中国硫丹淘汰项目"由联合国开发计划署（UNDP）和中华人民共和国生态环境部对外合作与交流中心执行。2020年，全国农业技术推广服务中心与北京农业质量标准与检测技术研究中心组成联合体，共同承担了"产棉区硫丹残留调查分析咨询服务项目"（FECO/LY3/S/20/084），实施期为2020年5月7日至2021年2月28日实施。通过项目实施，对我国西北内陆棉区的新疆塔城沙湾县和石河子市（为硫丹替代技术筛选示范区）、黄河流域棉区的河北和山东、长江流域棉区的安徽、江西和湖南，共6个省份61个县（沙湾和石河子为乡镇）棉花种植和硫丹使用背景数据、土壤中硫丹及其代谢物残留开展调查分析，共采集156个土壤样本（含空白对照区），开展土壤样本中硫丹（α-硫丹、β-硫丹和硫丹硫酸盐）残留量、土壤理化指标检测和分析评价。结果显示，硫丹及硫丹硫酸盐总检出率为63.4%，其中，α-硫丹、β-硫丹、硫丹硫酸盐检出率分别为36.5%、37.8%、62.2%，且检出量最高为12.103微克/千克。说明我国棉区硫丹的残留风险极低，土壤中硫丹的主要来源为早期农业生产投入，没有新源硫丹的输入，我国2019年全面禁用硫丹政策的实施，对于有效控制硫丹的农业投入、降低硫丹环境风险发挥了重要作用。

（二）棉花种植过程中硫丹替代技术全国推广咨询服务项目

2020年，全国农业技术推广服务中心实施了"棉花种

植过程中硫丹替代技术全国推广咨询服务项目"（FECO/LY3/S/20/124），实施期为2020年6月4日至2021年4月30日。在我国西北内陆（新疆）、黄河流域、长江流域三大棉区，对硫丹替代技术和模式，开展宣传与技术培训活动，提高基层农技人员和棉农对硫丹环境风险的认知，以及对棉田硫丹替代技术与全程绿色防控技术模式的应用程度，扩大硫丹淘汰项目在棉区的影响力。根据项目任务计划，组织编写了《棉田硫丹替代技术与病虫害绿色防控技术模式》培训手册；在长江流域的江西彭泽县举办了硫丹替代技术棉农培训班，培训棉农100人；在甘肃敦煌市举办农技人员培训班，培训10省份植保技术人员68人。分别开发了棉农和农技人员硫丹禁用政策和替代技术相关知识态度行为调查问卷，并对受训的棉农95人、农技人员66人和非受训棉农45人、农技人员32人进行了问卷调查。

（三）全球环境基金"中国PFOS*优先行业削减与淘汰项目红火蚁子项目"

全国农业技术推广服务中心组织实施中国PFOS优先行业削减与淘汰项目红火蚁子项目，2020年在广东、福建、广西、海南、贵州建立8个红火蚁综合防控示范区，示范面积在4 000亩以上，各示范区防控效果均在90%以上。完成红火蚁等检疫性有害生物防控用药登记要求国际比较研究，举办红火蚁防控与氟虫胺替代研讨会，维护更新"中国PFOS优先行业削减与淘汰项目"红火蚁防治子项目网站。全年广泛培训了红火蚁防控技术，完成针对省、市、县级植物检疫机构技术人员的培训10期，培训人员757人；广东、福建、广西、海南和贵州五个项目省份累计开展针对县、乡、村技术人员和农民的培训737期，培训40 378人次。2020年，全年项目工作有序推进了含PFOS成分

＊ PFOS即"全弗辛烷磺酸盐"。——编者注

的化学农药—氟虫胺的淘汰替代，同时，在项目的支持带动下，有序开展全国农业植物检疫性有害生物红火蚁的防控工作。

▎ 三、开展植保植检多边（双边）合作

（一）蝗灾防治

1.紧急协助完成援助巴基斯坦防控沙漠蝗灾任务

2020年2月23日至3月5日，应巴基斯坦政府请求，根据中央领导批示要求，农业农村部牵头、会同国家林业和草原局紧急派出援助治蝗工作组，深入巴基斯坦信德省、俾路支省、旁遮普省等多个受灾地区实地查看蝗情，与巴粮食安全与研究部、国家灾害管理局、国家农业研究中心以及三省政府农业和灾害管理部门多次座谈，研判发生形势，分享防控技术，共商治蝗方案。工作组还向我驻巴大使馆、卡拉奇和拉合尔总领馆汇报、交流有关援助工作情况及建议，并应卡拉奇总领馆要求举行记者发布会，向中外媒体介绍有关援巴治蝗情况并回应"鸭子治蝗"等热点问题。工作组根据考察情况，及时研判当地蝗灾发生发展态势，向巴方提出沙漠蝗防控总体思路和应急防控、可持续治理方案；商定援助巴方案物资和防蝗合作事宜。积极协调国内企业克服困难，及时生产援助防蝗药剂和药械，先后向巴基斯坦援助12台植保无人机、50台大型风送式喷雾机和2 300吨马拉硫磷药剂，有力支援了巴基斯坦沙漠蝗灾防控。2020年3月17日，在习近平总书记和巴国总统阿尔维见证下，中国农业农村部部长韩长赋与巴基斯坦驻华大使格玛娜·哈什米在北京共同签署《中华人民共和国农业农村部与巴基斯坦伊斯兰共和国国家粮食安全与研究部关于加强植物病虫害防治合作的谅解备忘录》，决定在巴共建"植物病虫害可持续治理中心"。此外，我国也积极援助非洲防控沙漠蝗灾害，共向非洲三国援助112吨

马拉硫磷药剂、背负式机动喷雾机2000台、手持超低量喷雾机3500台以及防护服、面罩和手套各4000套。中国积极开展沙漠蝗援外防控工作，得到国内外媒体的广泛关注，获得国际社会高度赞赏和认可。

2.实施中哈合作治蝗项目和蝗虫防治国际合作项目

全国农业技术推广服务中心认真履行《中华人民共和国农业部与哈萨克斯坦共和国农业部关于防治蝗虫及其他农作物病虫害合作的协议》，根据2019年在我国北京召开的联合工作组第九次会议签署的会议纪要内容，继续开展中哈边境蝗虫联合调查与信息交换工作。针对新冠肺炎疫情影响，协调安排新疆维吾尔自治区治蝗办采用线上和网络形式进行中哈边境蝗虫监测调查与蝗情信息交换，6—8月与哈方共交换边境蝗情信息3期，未发生边境蝗虫跨境危害的现象，有效保障了边境区域蝗虫防治的信息及时可靠，保护了中哈边境地区农牧业生产安全与社会稳定。此外，继续执行中英牛顿基金国际合作项目"主要作物病虫害遥感监测与防治方法研究"，为提升蝗虫遥感监测和防控水平奠定基础。派员参加中国和尼泊尔治蝗工作专家交流会，通报沙漠蝗入侵我国信息，交流防控经验。

（二）中韩水稻迁飞性害虫与病毒病监测合作项目

稻飞虱和稻纵卷叶螟是典型的迁飞性害虫，每年在东亚和东南亚水稻种植区往返迁飞危害，另外，由稻飞虱携带毒源传播的水稻条纹叶枯病具有暴发流行的特点，对水稻生产安全威胁极大。韩国与中国同属东亚地区，水稻迁飞性害虫和病毒病发生关系密切，加强两国间相关监测治理技术合作，对及时交换虫情发生和迁飞动态、提高早期预警能力、增强防控主动性，以保障两国粮食安全具有重要的现实意义。为此，全国农业技术推广服务中心与韩国农村振兴厅于2018年签订了《中韩水稻迁飞性害虫与病毒病监测合作项目第四期合作协议（2018—2022年）》。2020年，双方通过监测点管理、专家讨论、病虫情交流、召开视频工作会议等方式加强沟通、密切合作，项目进展顺利，达到了预期效果。

1.开展虫情监测与信息交流

根据项目合作协议，3月安排部署监测任务，其中广东仁化县、广西灵川县、福建同安区、江西万安县、湖南芷江镇、浙江诸暨植保站（农技中心）6个监测点在5—8月监测褐飞虱、白背飞虱、稻纵卷叶螟的灯下、田间发生数量，且在发生高峰期采集样本2～3次；江苏姜堰区、上海浦东新区、浙江嘉兴市、安徽庐江具植保站（农技中心）4个监测点在5—6月监测灰飞虱灯下、田间发生数量发生动态，在发生高峰期采集样本2～3次；江苏姜堰区、浙江嘉兴市、上海奉贤区植保站（农技中心）3个监测点在4—6月监测黏虫性诱虫量发生动态；江苏姜堰区植保站在6月监测水稻条纹叶枯病的发生情况并采样。监测期间（4—8月）每周通过电子邮件等通讯方式将中国9省份10个监测点的数据及时发送给韩国农村振兴厅，提高了两国对水稻迁飞性害虫的早期预见性和综合防控能力。

2.召开2020年度工作视频会议

鉴于2020年全球新冠疫情严峻形势，全国农业技术推广服务中心和韩国农村振兴厅于11月4日联合召开2020年度工作视频会议。双方认真总结2020年度项目研究进展，一致认为中韩合作项目的持续开展，在东北亚水稻迁飞性害虫发生机制和监测预警技术研究方面取得了重要进展，对于治理水稻重大迁飞性害虫和病毒病提供了关键科技支撑，有利于保障双方国民口粮安全，值得继续深化合作。经商议，双方认为应在长达20年的合作基础上，进一步加深合作内容、拓展合作领域。一是互相借鉴，加强智能化监测技术合作。包括两国近年来开发应用的稻纵卷叶螟、黏虫、稻黑螬等性诱监测设备、迁飞性害虫高空监测网、基于人工智能的害虫自动识别系统等。二是应时而动，拓展迁飞性害虫联合监测对象。原生于美洲的重要害虫草地贪夜蛾2018年12月入侵中国，2019年6月在韩国济州岛首次发现。鉴于草地贪夜蛾已成为影响东亚农作区高产稳产的重要迁飞性害虫，明确草地贪夜蛾在整个东亚的迁飞扩散、发生为害规律，对中韩双方区域性监测预警和治理工作具有重要意义，有必要在成功开展水稻迁飞性害虫发生动态联合监测的基础上，增加新的联合监控对象草地贪夜蛾。

（三）中越水稻迁飞性害虫监测与防治合作项目

水稻迁飞性害虫是危害我国水稻生产的主要害虫，具有远距离跨境迁飞的特性，我国虫源地主要为中南半岛，尤其是越南。及时准确掌握越南等虫源地水稻迁飞性害虫发生和防治动态，对提高我国迁飞性害虫监测预警的早期预见性和综合防控能力意义重大。根据中越水稻迁飞性害虫监测与防治合作项目合作内容，2020年全国农业技术推广服务中心与越南农业部植物保护局继续加强沟通、密切合作，开展双边水稻病虫害发生信息及测报防治技术的交流，项目进展顺利，取得显著成效。

1.制定年度合作方案

2020年3月，全国农业技术推广服务中心与越南农业部植物保护局协商制定了《2020年中越水稻迁飞性害虫防治合作项目工作方案》，并与广西合浦县植保植检站、广东雷州市植物保护和检疫站、云南麻栗坡县植保植检站和海南琼海市农业技术推广服务中心共4个监测点继续签订了2020年《农业国际交流与合作项目委托合同书》，为2020年项目的顺利开展奠定了基础。

2.掌握虫源地迁入情况

按照项目合作协议，中越双方各4个项目联合监测点继续按照双方制定的"两迁"害虫调查方法定期开展虫情调查，中方5—9月、越方2—10月，每两周按时交流虫情信息1次。其中，3月下旬掌握了越南中部水稻"两迁"害虫发生面积较大、且重于2019年同期的虫源情况，作出了"如风场合适，可为我国华南稻区和越南北部提供虫源，同时有利于越南北部虫源的积累和4月下旬以后的北迁"的趋势判断。2020年我国早稻"两迁"害虫实际发生情况表明，稻飞虱于3月上旬开始陆续迁入我国南方稻区，比2019年早4～8天，稻纵卷叶螟从3月上旬开始陆续迁入我国华南和江南稻区，迁入期比上年早1个月，华南和江南稻区"两迁"害虫偏重发生、重于2019年，与预测结果十分吻合。

3.采购专用监测设备材料

鉴于全球新冠肺炎疫情影响和中越边境管制情况，我方及时调整了出境团组和监测材料赠送计划，购买了南方水稻黑条矮缩病快速检测试剂盒配发给中越边境线上中方监测点，加大对今年流行风险高的南方水稻黑条矮缩病的监测检测力度。

4.关于加强虫源地国家合作项目的建议

水稻"两迁"害虫是东南亚和东亚国家最重要害虫，具有跨境远距离迁飞习性，除了越南，泰国、柬埔寨、老挝、缅甸等东南亚其他国家也是我国重要虫源地。建议以中越合作为基础，继续开展合作交流，推广合作经验，扩大合作范围，实施中国—东盟跨境迁飞性害虫与流行性病害联合监测与治理区域合作项目。通过与五国间开展水稻病虫害联合监测预警、绿色防控技术交流培训与示范，提高各国水稻病虫害发生的早期预见性和防治主动性，从而提高防控水平，这对增强我国及该区域国家粮食安全，推动"一带一路"建设具有十分重要的意义。

（四）中俄联合开展马铃薯甲虫监测治理

根据中俄两国农业部门签订的谅解备忘录确定的合作方

向和形式，利用畅通的邮件交流等渠道，中方与俄方会商研究 2021年工作计划，包括信息宣传、技术培训、联合监测、信息交换、预警通报、工作总结等工作内容，并优化信息交流表格，确定田间调查采集数据、信息交换频率和时间。

四、参与全球草地贪夜蛾防控行动

鉴于2016年以来草地贪夜蛾在非洲、亚洲迁飞扩散和蔓延为害的严峻形势，联合国粮农组织（FAO）于2019年12月启动了全球草地贪夜蛾防控行动（FAW-GA），旨在遏制草地贪夜蛾快速扩散势头并确保全球、区域和相关国家采取协调一致的防控行动，以降低该入侵害虫对粮食安全和农业可持续发展的危害风险。2020年11月，通过FAO总部和中国农业农村部函商，确定中国作为全球范围内的8个示范国家之一参与全球草地贪夜蛾防控行动，负责东北亚区域（包括中国、韩国、朝鲜、日本）的示范工作。

根据农业农村部国际合作司和种植业管理司的统筹安排，全国农业技术推广服务中心副主任王福祥组织业务处室负责人和技术骨干积极参与全球草地贪夜蛾防控行动，先后参加全球草地贪夜蛾防控行动秘书处召开的中国启动草地贪夜蛾全球防控行动磋商会、全球草地贪夜蛾防控行动协调会和《国际植物保护公约》召开的草地贪夜蛾防控网络研讨会。

在12月16日召开的国家联络员线上会上，全国农业技术推广服务中心曾娟作了《中国草地贪夜蛾发生防控情况及全球防控行动响应措施》的报告，提出示范国家初步实施计划，包括发挥全国草地贪夜蛾防控专家组的作用，明确中国示范区的作用；按照分区防控策略，制定中国年度防控工作计划和技术方案；继续开展技术培训和展示示范活动，推行有害生物综合防治（IPM）策略等。在12月22日召开的全球草地贪夜蛾防控行动协调会上，全国农业技术推广服务中心王福祥作了《中国草地贪夜蛾防控行动与全球协作计划》的示范国家报告，根据全球草地贪夜蛾防控行动的宗旨和要求，明确中国成立由农业农村部国际合作司联系协调、由种植业管理司谋划指导、以全国农业技术推广服务中心作为国家联络点、以中国农科院植保所作为技术研发指导支持的国家工作组，成立由吴孔明院士担任组长的国家技术组，继续实施分区治理策略和"三区四带"阻截防控，通过信息系统调度全国监测防控情况，大规模推广综合防控技术和建立示范区，以推进IPM策略、发挥中国示范作用。

中国参与全球草地贪夜蛾防控行动的积极行动和有效举措，得到FAO植物生产与保护司（全球草地贪夜蛾防控行动秘书处）的致函感谢。

附 录
2020年全国植保植检工作大事记

1月3日，为保障元旦、春节期间蔬菜生产安全，农业农村部种植业管理司会同全国农业技术推广服务中心、部农药检定所等单位组派6个工作组，以蔬菜生产基地为重点，开展安全用药调研指导，并向各地发放《科学安全用药挂图》30万张。

2月10日，全国农业技术推广服务中心发布第一批"统防统治百县"创建名单。经各省份推荐和专家评审，77个县（市、区）被认定为全国农作物病虫害专业化"统防统治百县"。

2月17日，农业农村部副部长、蝗灾防治指挥部总指挥张桃林主持召开沙漠蝗防范专题会议，分析研讨沙漠蝗入侵我国的可能性，要求坚持底线思维，加强边境地区监测，做好应急防控准备，严防入侵危害。

2月20日，农业农村部印发《2020年全国草地贪夜蛾防控预案》，要求各地按照"早谋划、早预警、早准备、早防治"思路，全面监测预报，实施分区联防，优化关键技术，适时开展应急防治。

2月22日，农业农村部部长韩长赋主持专题会议，分析沙漠蝗和草地贪夜蛾发生形势，研究部署沙漠蝗和草地贪夜蛾等害虫的监测防控工作。

2月23日至3月5日，农业农村部会同国家林业和草原局派出由部国际合作司、全国农业技术推广服务中心、中国农业大学、国家林业和草原局草原保护司、山东省植保总站有关专家组成的考察团，赴巴基斯坦紧急援助沙漠蝗防治。

2月26日，农业农村部种植业管理司印发《关于做好沙漠蝗迁飞入侵防范工作的通知》，组织云南、西藏、新疆等省份农业农村厅加密监测预警，提前谋划应对措施。

3月6日，农业农村部会同海关总署、国家林业和草原局制定《沙漠蝗及国内蝗虫监测防控预案》，部署沙漠蝗预防控制措施，明确国内蝗虫监测防控重点。

3月12日，农业农村部种植业管理司、全国农业技术推广服务中心举办草地贪夜蛾监测防控技术网络培训班，重点培训草地贪夜蛾调查监测和综合防控技术。这是全国植保系统第一个网络培训活动，拉开了线上培训的序幕。

3月20—24日，农业农村部副部长张桃林带队赴云南等省份，深入边境地区实地考察调研草地贪夜蛾、沙漠蝗等农作物病虫害防控防范工作。

3月25日，中华人民共和国中央人民政府网站转发新华社新闻通稿，公布了第一批全国农作物病虫害"绿色防控示范县"名单。

3月25日，全国农业技术推广服务中心组织小麦重大病虫害中后期发生趋势网络会商。

3月26日，国务院印发《农作物病虫害防治条例》（国务院令第725号），该条例自2020年5月1日起施行。

3月30日，农业农村部种植业管理司、全国农业技术推广服务中心印发《2020年全国小麦赤霉病防控指导意见》，明确小麦赤霉病防治策略、防治技术和防治措施。

4月3日，农业农村部部长韩长赋组织研究草地贪夜蛾、沙漠蝗全国"一盘棋"防控措施，制定《草地贪夜蛾"三区三带"

布防图》《蝗虫"一带四区"布防图》。

4月7日，农业农村部、司法部官方网站，所属媒体和新媒体等，发表吴孔明、康振生、魏启文、周雪平等专家对《农作物病虫害防治条例》的权威解读。

4月21日，农业农村部召开全国农作物重大病虫害防控工作推进落实视频会议，分析研判农作物重大病虫害发生态势，对重大病虫害防控进行再动员、再部署、再落实。张桃林副部长出席会议并讲话。

4月29日，农业农村部种植业管理司召开草地贪夜蛾"三区三带"布防任务推进落实视频会议，在17个省份的205个重点县（市、区）构建边境、长江、黄河三条防线，明确布防总体构架、主要内容和工作要求。

5月12日，全国农业技术推广服务中心组织召开全国早稻主要病虫害发生趋势网络会商会。

5月21日，农业农村部种植业管理司印发《关于开展全国植保体系基本情况现状调研的通知》，对省、市、县、乡四级植保体系基本情况、存在的主要问题等进行摸底调研。

6月2日，农业农村部种植业管理司印发《关于落实草地贪夜蛾"长城防线"布防任务的通知》，明确"长城防线"布防区域和重点工作。

6月2日，农业农村部种植业管理司印发《〈农作物病虫害防治条例〉宣传月活动方案》，制定宣传口号、宣传内容、开展的主要活动，并将7月定为全国《农作物病虫害防治条例》宣传月。

6月10日，国家发展和改革委员会、财政部、农业农村部、中华全国供销合作总社联合印发《国家救灾农药储备管理办法（暂行）》（发改经贸规〔2020〕890号），对国家救灾农药储备时间和品种、承储企业基本条件及选定方式、储备任务下达和动用，以及企业责任、财务管理、监督管理等进行规定。

6月16日，全国农业技术推广服务中心联合中国农药工业协会、中国农药发展与应用协会、植保中国协会在四川省眉山市举办2020年全国科学安全用药培训启动仪式暨农药使用"安全生产月"主题活动。

6月23日，全国农业技术推广服务中心组织召开全国草地贪夜蛾监测技术研讨视频会议。会议交流了各地草地贪夜蛾前期发生和监测预警工作开展情况，会商分析了下半年发生趋势，研讨了相关监测技术规范。

6月27日，在联合国粮农组织发布沙漠蝗从印度随西北风迁飞至尼泊尔的虫情信息后，农业农村部立即会同海关总署、国家林业和草原局启动《沙漠蝗监测防控预案》。

7月3日，农业农村部召开全国草地贪夜蛾防控推进落实视频会议，并启动《农作物病虫害防治条例》宣传月。

7月3日，张桃林副部长主持召开农业农村部蝗灾防治指挥部专题会议，分析研判蝗虫发生形势，部署防控工作。

7月10日，张桃林副部长主持召开沙漠蝗防控专题会议，分析当前发生形势，研究部署下一步防控工作。

7月16—20日，农业农村部派出工作组赴云南省普洱市的江城县、宁洱县和西双版纳傣族自治州的勐腊县，实地调查黄脊竹蝗迁入扩散情况，分析研判发生发展趋势，指导当地加强监测防控。

7月27日，农业农村部在云南省召开西南四省区蝗虫防控现场会，开展蝗虫等重大病虫害应急防控实战演练，部署中老、中越边境地区黄脊竹蝗防控工作。

7月31日，农业农村部2020年第11次常务会议讨论通过《农药包装废弃物回收处理管理办法（草案）》。

8月18—20日，农业农村部在湖南省长沙县召开全国秋粮作物重大病虫害防控现场会，分析研判秋粮作物重大病虫害发生形势，进一步安排部署防控工作。

8月25—27日，全国农业技术推广服务中心在山西省运城市举办果树害虫性信息素绿色防控技术培训班，重点培训了害虫性信息素、迷向素应用技术，并组织交流了果树病虫害绿色防控技术。

8月27日，农业农村部、生态环境部联合印发《农药包装废弃物回收处理管理办法》（2020年第6号），明确农药包装废弃物回收、处理活动及其监督管理。该办法自2020年10月1日起施行。

9月7日，农业农村部发布修订的《全国植物检疫性有害生物审定委员会章程》，并组建第五届全国植物检疫性有害生物审定委员会。

9月9日，农业农村部办公厅印发《关于加强稻飞虱监测防控工作的紧急通知》明传电报，要求各地压实属地责任、加强监测调查、开展统防统治、强化督导检查，严防大面积暴发成灾。

9月9日，农业农村部种植业管理司组织召开国家救灾农药储备推进工作会商会，研讨《2021—2022年度国家救灾农药储备实施方案（草案）》。

9月10—11日，全国农业技术推广服务中心在山西省太原市举办了全国植保统计技术培训班。

9月15日，农业农村部发布第333号公告，根据《农作物病虫害防治条例》的规定，公布了《一类农作物病虫害名录》，名录共17种，其中虫害10种、病害7种。

9月17日，农业农村部召开第五届全国植物检疫性有害生物审定委员会第一次会议，审议《应施检疫的植物及植物产品名单》修订建议。

9月24—25日，全国农业技术推广服务中心在山东省日照市举办全国茶叶病虫绿色防控和作物抗性品种布局与小麦秋播拌种技术培训班，重点培训了茶叶病虫害绿色防控技术、粮食作物抗病性品种布局技术，小麦秋播药剂拌种新技术，并安排部署了小麦秋播拌种工作。

9月28—29日，农业农村部种植业管理司举办农药包装废弃物回收处理管理培训班，会同生态环境部解读《农药包装废弃物回收处理管理办法》，并对依法推进农药包装废弃物回收处理工作做出具体安排。

10月17日，《中华人民共和国生物安全法》颁布实施。法规对植物疫情风险监测、评估、预警、应对等工作提出明确要求，标志着植物疫情监测防控成为保障国家总体安全的组成部分。

10月22日，农业农村部种植业管理司召开国家救灾农药储备品种（产品）专家审定会，对《2021—2022年度国家救灾农药储备实施方案（草案）》中拟储备的农药品种（产品）听取专家意见建议。

10月27—28日，全国农业技术推广服务中心在江苏省南京市举办全国现代测报应用技术培训班。

11月1日，农业农村部种植业管理司会同全国农业技术推广服务中心在海南省启动2020—2021年度海南南繁基地产地检疫联合巡查活动。

11月7—9日，农业农村部在山东省潍坊市举办2020年全国农业行业职业技能大赛农作物植保员赛项决赛。

11月4日，农业农村部公告第351号发布新版《全国农业植物检疫性有害生物名单》《应施检疫的植物及植物产品名单》，明确当前国内农业植物检疫工作主要管控目标。

11月4日，中韩水稻迁飞性害虫与病毒病监测合作项目2020年度总结视频会召开。中韩双方项目负责人和专家共20余人参加了会议。

11月12—13日，2020年全国省级植保植检站（局）长会议在重庆市召开。会议交流总结"十三五"以来植保植检工作的成效和经验，分析面临的机遇和挑战，研究提出"十四五"时期的重点工作。

11月13—15日，以"依法防控，稳粮保供"为主题的第三十六届中国植保信息交流暨农药械交易会在重庆国际博览中心举办。

12月4日，农业农村部召开"十四五"时期植保植检工作座谈会，分析研判植保植检工作面临的形势，听取"十四五"期间加强植保工程建设的意见建议，研究"十四五"植保植检重点工作和对策措施。

12月7—8日，全国农业技术推广服务中心在海南省澄迈县组织召开了2020年全国农作物病虫害绿色防控现场会和全国果蔬病虫害绿色防控暨免疫诱抗技术培训班，重点培训了绿色防控新技术，总结交流了绿色防控的做法与经验，研讨"十四五"推进绿色防控的思路。

12月9—10日，全国农业技术推广服务中心在海南省澄迈县组织召开了2021年全国农作物重大病虫害发生趋势会商会。会议总结2020年重大病虫害发生情况，会商2021年重大病虫害发生趋势，部署监测预警重点工作。

12月15—16日，农业农村部种植业管理司召开《农作物病虫害防治条例》专题培训班，解读《农作物病虫害防治条例》《生物安全法》等有关法律法规，讨论《农作物病虫害监测与预报管理办法》《农作物病虫害专业化防治服务管理办法》等配套规章制度，研究部署《农作物病虫害防治条例》贯彻落实重点工作。

12月31日，《农业农村部办公厅关于下达2021—2022年度国家救灾农药储备任务的通知》印发，明确救灾农药储备任务，对储备规模、信息报送、储备投放、检查机制、补助方式等提出要求。